图解蔬菜
病虫害诊断与防治

[日] 草间祐辅　著　　赵长民　译
（山东省昌乐县农业农村局）

机械工业出版社
CHINA MACHINE PRESS

前　言

在培育蔬菜时，讨厌的病虫害在不知不觉中就发生了，如果放任不管，就会对蔬菜产量和品质造成很大的影响。编者借助身边市民的农园进行蔬菜播种、定植，享受采收的乐趣，由于平时还要工作，只有在周末时才能去农园，所以病害和虫害发生之后需要处理的事情就有很多。看到这本书的读者，恐怕也在进行蔬菜培育时对"蔬菜每年发生病虫害的原因是什么？""预防和处理的方法有哪些？"而抱有想法吧。

本书把平常遇到的蔬菜病虫害及其症状用丰富的图片做了介绍，努力做到即使不知道病害、虫害的人，也能简单地确定其发生原因。本书还对尽可能不使用药剂培育蔬菜的预防方法、在有机栽培中使用的天然型药剂和一般化学合成药剂进行了介绍，栽培者可根据自己使用的方向和情况采取相应的措施。同时，本书对病虫害综合的防治对策也进行了解说。知道症状→知道原因→知道措施，对这 3 个步骤，编者结合图片浅显易懂地进行了归纳整理。

病虫害与人的疾病一样，早期发现、早期采取措施是很关键的。越早发现，就越有更多的方法可供选择。愿大家能通过这本书轻松地确认田间蔬菜的受害症状及发生的原因，采取合适的防治措施，从而解决问题。

草间祐辅

第 1 部分　🍊　**果菜类**　13

第3部分　　**根菜类**　119

第 4 部分 🔒 管理技巧和药剂使用方法 141

到地里后，首先要检查蔬菜的各个部位有无异常

到地里后，在作业之前先粗略地看一下蔬菜的健康状态。用心细致地观察，及早发现病虫害，进行早期防治，可减少药剂的使用量，能够收获很多健康蔬菜。检查要领如下。

☑ 检查要领

☐ ❶ 叶片是否变黄、发白、失绿、枯萎或萎缩？

　　可考虑的原因 真菌、细菌或病毒引起的病害，叶螨类引起的虫害

☐ ❷ 叶片是否出现孔洞或变形？

　　可考虑的原因 食害性的害虫、吸食植物汁液的害虫

☐ ❸ 叶片是否出现斑点或白粉？

　　可考虑的原因 由病菌引起的病害

☐ ❹ 叶片是否出现细条状纹路？

　　可考虑的原因 食害性的害虫

☐ ❺ 叶片上是否有虫粪？

　　可考虑的原因 食害性的害虫

☐ ❻ 叶片背面是否附着小虫？

　　可考虑的原因 蚜虫类、叶螨类、温室白粉虱

☐ ❼ 新芽上是否附着小虫？

　　可考虑的原因 蚜虫类

☐ ❽ 花和果实是否出现孔洞、变色或变形？

　　可考虑的原因 食害性的害虫、吸食植物汁液的害虫

☐ ❾ 从茎上是否排出像木屑一样的东西？

　　可考虑的原因 食害性的害虫

☐ ❿ 植株基部是否变细或变色？

　　可考虑的原因 由病菌引起的病害

☐ ⓫ 拔出植株时，根上是否有瘤状物？

　　可考虑的原因 线虫类

病虫害的检查要领

※ 蔬菜种类（科目）不同，所发生的病害和虫害也不相同。除茄子以外，其他蔬菜上还有另外的症状发生。

控制病虫害的
3 个步骤

即使优化了栽培环境，活用材料努力地进行了预防，也不可能百分百地避免病虫害发生。在平时经常细致地观察蔬菜，如果发现症状，就可参考本书确定其原因，尽早地进行防治，把危害程度降到最低。

为培育健康蔬菜，
本书的使用方法

步骤

 1 - - - - - - - - - - ->

认真地观察蔬菜，
尽早地发现症状

参考第 8~9 页的检查要领和本书中各类蔬菜的症例进行细致的观察。不仅要看叶片表面，还要确认叶片的背面、新芽、茎和植株基部等地方，别漏掉任何小的症状。越早发现、越早治疗，效果就越好。

症例→在叶片背面发现小虫子

番茄植株不健壮，叶片的颜色也不好。查看叶片背面，发现有很多虫子附着。

步骤

2 - - - - - - - - - >

查找原因进行确诊

　　发现了"有点儿不正常"这样的症状，就可对照本书中的症例图片查找原因。观察发生异常的蔬菜种类及其部位，根据发生时期确定引起的原因。因为有些病害或虫害的症状难以分辨，请认真阅读本书中的说明文字作为参考。

步骤

3

尽可能早地采取
适当的防治措施

　　确定了引起的原因之后，就可参考本书"不依赖药剂的防治"和"使用药剂的防治"的相关内容，采用适当的方法迅速地进行防治。使用药剂防治时，要认真阅读药剂包装的说明，对于适用的蔬菜及其病害、虫害，一定要遵守药剂的使用方法。

原因是蚜虫类
在为害

从发生的蔬菜（图片是番茄）及其部位，虫的大小、颜色、发生时期，被害特征等综合判断是蚜虫类。

适时进行防治

使用药剂防治时，要选择适合番茄蚜虫类的药剂。

本书的使用方法

蔬菜的名称（科名、种类）。如果有别名的，在括号内进行说明。将果菜类、叶菜类、香草类、根菜类分开，按家庭菜园中经常栽培的蔬菜顺序、易发生的症例顺序进行介绍

常见症状的特点

症例易出现的部位

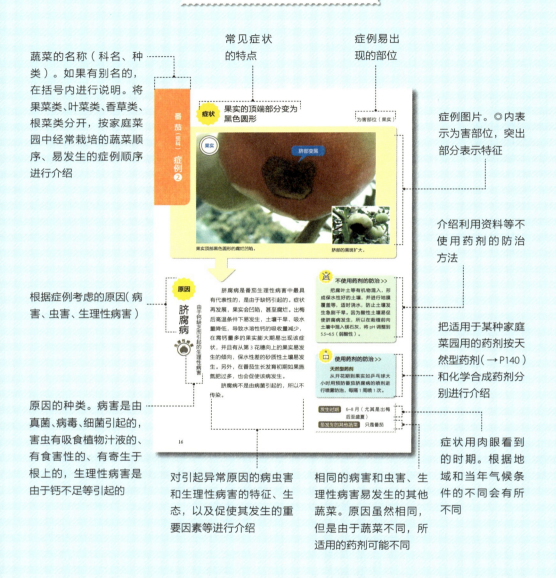

番茄〔茄科〕 症例 ❷

症状 果实的顶端部分变为黑色圆形

为害部位（果实）

果实

脐部变黑

果实顶部黑色圆形的腐烂凹陷。

脐部的黑斑扩大。

症例图片。◎内表示为害部位，突出部分表示特征

介绍利用资料等不使用药剂的防治方法

根据症例考虑的原因（病害、虫害、生理性病害）

原因

脐腐病

由于钙缺乏而引起的生理性病害

脐腐病是番茄生理性病害中最具有代表性的，是由于缺钙引起的。症状再发展，果实会凹陷，甚至腐烂。出梅后高温条件下易发生，土壤干旱、吸水量降低，导致水溶性钙的吸收量减少，在需钙量多的果实能长期易出现该症状，并且从第3花穗向上的果实易发生的倾向，保水性差的砂质性土壤易发生。另外，在番茄生长发育初期如果施氮肥过多，也会促使该病发生。

脐腐病不是由病菌引起的，所以不传染。

不使用药剂的防治 >>
把腐烂叶土等有机物混入，形成保水性好的土壤，并进行地膜覆盖等，适时浇水，防止土壤发生急剧干旱，因为酸性土壤易促使脐腐病发生，所以在栽植前向土壤中混入镁石灰，将 pH 调整到 5.5~6.5（弱酸性）。

使用药剂的防治 >>
天然型药剂
从开花期到果实如乒乓球大小时用预防番茄脐腐病的喷剂进行喷雾防治，每隔1周喷1次。

发生时期 6~8月（尤其是出梅后至盛夏）

易发生的其他蔬菜 只是番茄

16

把适用于某种家庭菜园用的药剂按天然型药剂（→P140）和化学合成药剂分别进行介绍

症状用肉眼看到的时期。根据地域和当年气候条件的不同会有所不同

原因的种类。病害是由真菌、病毒、细菌引起的，害虫有吸食植物汁液的、有食害性的、有寄生于根上的，生理性病害是由于钙不足等引起的

对引起异常原因的病虫害和生理性病害的特征、生态，以及促使其发生的重要因素等进行介绍

相同的病害和虫害、生理性病害易发生的其他蔬菜。原因虽然相同，但是由于蔬菜不同，所适用的药剂可能不同

※ 本书只要没有特别地预先写明地域，就是以日本关东地区为基准（气候类似我国长江流域）。病虫害的发生时期和防治管理的适期，根据地域的不同而有所变化。
※ 本书中记载的商品和登记的资料更新于 2017 年 1 月。
※ 本书中有些药剂的适用情况等可能发生变动，最新资料请在日本（独）农林水产消费安全技术中心（FMMIC）网站（http：//www.famic.go.jp/）中检索。适用于中国的情况，请在中国农药信息网中查询。
※ 关于药剂，一定要遵照商品的标签和说明书正确的使用。
※ 喷洒药剂时一定要选择无风的天气，并和近邻沟通好之后再进行。

第 1 部分

果 菜 类

番茄（茄科）

症例 ①

症状 叶片背面、新芽和幼果上寄生小虫子，生长发育迟缓

为害部位（叶片、新芽、幼果）

叶片背面

有小虫子

叶片背面群生的郁金香长管蚜。

叶片

叶片附着像垃圾一样的东西

白色的东西为蚜虫蜕皮后的壳，可以作为为害发生的信号。

幼果

有小虫子

寄生在幼果上。

14

蚜虫类

吸食植物汁液的害虫

叶片背面、新芽、幼果上附着的小虫子，体长2~4毫米，会吸食植物的汁液，如果发生多，新芽和叶片的生长就会受影响。另外，附着在叶片上的排泄物可繁殖真菌，从而发生煤污病，有的果实和茎叶变黑，有的叶片出现黄化症状的花叶病毒病。蚜虫会传播病毒，使植株生长发育变迟缓，也影响果实的膨大。

蚜虫繁殖旺盛，在叶片上群生，当生存的群体密度大时，就出现有翅的成虫，向周围移动，扩大为害。蚜虫经过多次蜕皮后长大，在发生场所的附近附着像白色垃圾一样的东西，即蜕皮壳，同时也作为虫害发生的标志，能及早地被发现。夏天蚜虫生存群体数量有所减少，秋天又增加，在暖冬少雨的年份发生量大。

被蚜虫吸食汁液的叶片，生长被抑制，从而出现弯曲。

不使用药剂的防治 >>

一旦发现蚜虫就立即将其捏死。利用蚜虫讨厌闪闪发光的习性，定植前在地面铺设反光膜以抑制成虫飞来。因为氮肥一次性施多了，会促使蚜虫的发生，所以要注意。加强通风，彻底清除周围的杂草。

使用药剂的防治 >>

天然型药剂

在虫害发生初期，用拜尼卡马鲁到喷剂（成分：还原淀粉糖化物→P155）或阿里赛夫（成分：脂肪酸甘油酯→P152），每隔5~7天足量地喷洒是关键。或者用帕拜尼卡V喷剂（成分：除虫菊酯→P155）进行喷雾防治。

化学合成药剂

在虫害发生初期，用拜尼卡绿V喷剂（成分：甲氰菊酯·腈菌唑→P166）或拜尼卡拜吉夫路喷剂（成分：噻虫胺→P166）进行喷雾防治。因为药剂具有速效性，所以能有效地控制为害。

发生时期

4~7月

易发生的其他蔬菜

茄子、黄瓜、甘蓝、嫩茎花椰菜、白菜、小白菜、小油菜、萝卜、芜菁等

症状 果实的顶端部分变为
黑色圆形

为害部位（果实）

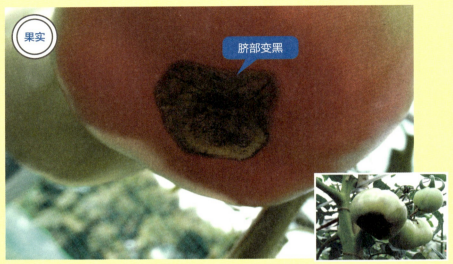

果实

脐部变黑

果实顶部黑色圆形的腐烂凹陷。

脐部的黑斑扩大。

原因

脐腐病

由于钙缺乏而引起的生理性病害

生理性病害

　　脐腐病是番茄生理性病害中最具有代表性的，是由于缺钙引起的。症状再发展，果实会凹陷，甚至腐烂。出梅后高温条件下易发生，土壤干旱、吸水量降低，导致水溶性钙的吸收量减少，在需钙量多的果实膨大期易出现该症状，并且有从第3花穗向上的果实易发生的倾向，保水性差的砂质性土壤易发生。另外，在番茄生长发育初期如果施氮肥过多，也会促使该病发生。

　　脐腐病不是由病菌引起的，所以不传染。

🚫 **不使用药剂的防治 >>**

　　把腐叶土等有机物混入，形成保水性好的土壤，并进行地膜覆盖等，适时浇水，防止土壤发生急剧干旱。因为酸性土壤易促使脐腐病发生，所以在栽植前向土壤中混入镁石灰，将 pH 调整到5.5~6.5（弱酸性）。

 使用药剂的防治 >>

天然型药剂
　　从开花期到果实如乒乓球大小时用预防番茄脐腐病的喷剂进行喷雾防治，每隔1周喷1次。

发生时期　6~8 月（尤其是出梅后至盛夏）

易发生的其他蔬菜　只是番茄

症状

叶片上生有像小麦面粉一样的白色霉层

为害部位（叶片）

叶

整个叶片变白

叶片上全面扩展的白色真菌。　症状进一步发展，白色真菌能看得很清楚。

原因

白粉病

由真菌引起的传染性病害

病害

由真菌引起，进一步发展，叶面会被白色霉层覆盖，以后受害部分发黄变色。发生严重的对叶片光合作用影响很大，整个植株也变衰弱。受害的叶片上产生孢子，随风飞散。连阴雨天、稍微干旱、白天与晚上温差大时易发生。另外，由于氮肥过多引起的植株繁茂和密植栽培，在日照和通风不好的场所及背阴处栽培，该病容易发生。

病原菌潜藏在发病受害部分的土壤中越冬，成为第二年的传染源。

 不使用药剂的防治>>

定植时不能密植，通风、透光要好。受害叶片要及早地摘除。

 使用药剂的防治>>

天然型药剂

在发病初期，用拜尼卡马鲁到喷剂进行喷雾防治。

化学合成药剂

在发病初期，喷洒百菌清（→P161）或潘乔 TF 水分散粒剂（成分：环氟菌胺·氟菌唑→P164）。

发生时期 5~7月

易发生的其他蔬菜 茄子、甜椒、黄瓜、南瓜、甜瓜、豌豆、菜豆、草莓、秋葵、荷兰芹、胡萝卜等

叶片和茎上有暗褐色的病斑，病斑上生有白色霜状的霉层

为害部位（叶片、茎、果实）

供图：日本茨城县农业综合中心园艺研究所 鹿岛哲郎

叶片

叶片萎蔫

果实

茎与叶片上出现暗褐色的病斑，叶片萎蔫。

发病后果实上出现病斑。

原因

疫病

由真菌引起的传染性病害

阴雨天连续湿度大，叶片和茎上就会出现暗褐色的病斑，在病斑上生有白色霜状的霉层；在果实上形成茶褐色至暗褐色的病斑，后期腐烂。在水中能自由游动的孢子，随降雨和浇水飞溅到植株上，侵染叶片、茎、果实后形成病斑。疫病是对番茄危害最大的病害，在降雨多的梅雨季节多发，严重时导致植株全体枯死。

土壤排水性差的地块，或遇上连阴雨天时，会加重疫病的发生。

 不使用药剂的防治 >>

在地面铺塑料薄膜，可防止泥水的飞溅。梅雨季节若用塑料薄膜等做成拱棚状覆盖植株，会减轻病害的发生。

 使用药剂的防治 >>

天然型药剂

在发病前，喷洒圣波尔多（成分：碱式氯化铜→P153）。发病后缩短喷药间隔天数。

化学合成药剂

在发病前，整株喷洒百菌清或克菌丹可湿性粉剂（→P157）。

发生时期 6~7月

易发生的其他蔬菜 马铃薯等

叶片上出现白色的小斑点，在叶片背面有黄绿色或暗红色的小虫

为害部位（叶片）

发生量大的时候，可看到叶片上像覆盖了蜘蛛网一样。

叶片

叶片上像覆盖了蜘蛛网一样

叶片

出现白色小斑点

有很多白色小斑点附着的叶片。

原因

叶螨类

害虫

蜘蛛的一类，是吸食植物汁液的害虫

图为显微镜下的成虫。

为害叶片，形成白色小斑点，体色为黄绿色或暗红色，是吸食植物汁液的害虫，日本全国都有分布，可寄生在植物的各个部位。喜欢高温干旱的环境，出梅以后为害更加明显。

叶螨类繁殖旺盛，在生长发育适宜的条件下，卵经过10天左右就能发育为成虫，所以在短时间内就可扩大为害。受害的叶片变色、脱落，植株生长发育受到很大影响。叶螨类有时随风飘移扩散，也可爬行到周围的植株。

不使用药剂的防治 >>

不能密植，应保持通风、透光良好；夏天适时浇水，不能出现干旱。

使用药剂的防治 >>

天然型药剂

在虫害发生初期，以叶片背面为中心，用拜尼卡马鲁到喷剂进行喷雾防治。

化学合成药剂

虫害发生时可喷洒螨太郎（成分：联苯菊酯→P162）进行防治。

发生时期　5~10月

易发生的其他蔬菜　甜椒、黄瓜、西瓜、菜豆、豌豆、草莓、秋葵、菠菜、紫苏等

症状 触碰植株时，从叶片背面飞起白色的小虫

为害部位（叶片）

叶片背面

有白色的小虫

附着在叶片背面的白色成虫。

原因

吸食植物汁液的害虫

温室白粉虱

害虫

温室白粉虱是体长 1 毫米左右的白色小虫，吸食蔬菜、花卉等多种植物的汁液。当触碰植株时，该虫从叶片背面飞起进而扩散。由于寄生为害，茎、叶和果实上的排泄物变黑，会促使煤污病的发生，从而严重影响植株的生长发育。

温室白粉虱繁殖旺盛，多的时候每只雌虫可产卵 300 粒左右。卵经过短时间就孵化成为幼虫，经蛹再变为成虫，又进行产卵，所以短时间内就可扩大为害。在野外，主要以卵或蛹的状态在杂草上越冬。若是遇暖冬第 2 年春天发生量也大。

 不使用药剂的防治 >>

彻底清除周边的杂草，消除害虫的栖息场所。因为温室白粉虱不喜欢光，所以定植时可在地面铺设反光膜。

 使用药剂的防治 >>

天然型药剂

在虫害发生初期，以叶片背面为中心对易受害部位喷洒阿里赛夫或拜尼卡马鲁到喷剂。

化学合成药剂

用拜尼卡·精佳喷剂（成分：噻虫胺·甲氰菊酯·嘧菌胺→ P165）进行喷雾防治，也可喷洒拜尼卡水溶剂（成分：噻虫胺→ P166）。

发生时期 5~10 月

易发生的其他蔬菜 茄子、甜椒、黄瓜等

叶脉间黄化卷缩，附近有白色小虫

为害部位（叶片）

供图：大阪府立环境农林水产综合研究所　柴尾学、西宫聪

新叶

萎缩

新芽变黄、生长发育不良的植株。

原因

黄化卷叶病

由病毒引起的传染性病害

传播病毒的烟粉虱成虫（图为茄子叶片）。

植株新叶变黄，叶缘向正面卷曲是黄化卷叶病的主要症状，是由病毒引起的传染性病害。症状进一步发展，导致叶脉间黄化、萎缩，发病部位向上的节间变短，植株受害的部分看上去很不自然。萌发的侧芽大部分变色、萎缩，即使开花也大多数不结果，严重影响产量和品质。该病的传播媒介为体长 0.8 毫米左右的烟粉虱。

不使用药剂的防治 >>

　定植时在地面铺设反光膜可预防烟粉虱，也可用珠罗纱（网格直径为0.4 毫米）罩住植株。

使用药剂的防治 >>

天然型药剂

　在烟粉虱发生时，以叶片背面为中心，用拜尼卡马鲁到喷剂进行喷雾防治，或喷洒阿里赛夫。

化学合成药剂

　定植时把佳导颗粒剂（成分：烯啶虫胺→P165）施入土壤中。

发生时期　4~10 月

易发生的其他蔬菜　只是番茄

症状 在果实上有直径约 5 毫米的圆形孔洞，
果实内有虫子

为害部位（果实、茎、叶片、花蕾）

果实

有孔洞

排出的粪便

幼虫钻入果实，形成圆形孔洞，钻蛀孔周围有很多害虫的粪便。

果实

有小虫子

从果实中爬出来的茶褐色幼虫。

叶片

凋萎

发生初期受害凋萎的叶片。

烟青虫

夜蛾的一种，是钻入果实内部为害的害虫

害虫

果实上直径为 5 毫米左右的圆孔是烟青虫的钻蛀孔。烟青虫从这个孔钻入果实内部进行为害，并从圆孔处排出暗褐色的粪便。

幼虫体色为黄绿色至茶褐色，颜色多样，初期为害新芽和花蕾，不久就钻入果实内部为害。幼虫进一步长大，体长可达 4 厘米左右，取食量也增加。而且 1 只幼虫可转果为害几个果实，因此，即使烟青虫生存数量少，但是危害还是很大的。

冬天，烟青虫以蛹在土壤中越冬，到第 2 年的 6 月羽化为体长 1.5 厘米左右的灰黄褐色的蛾，在叶片背面及新芽等部位产卵，孵化的幼虫又开始为害。

受害的幼果。受害的果实要立即处理掉。

不使用药剂的防治 >>

要认真观察花蕾和叶片的顶端是否萎蔫，叶片上有无圆形的取食痕迹或微小的粪便，如果发现附近有虫子，就立即进行捕杀。

侵入果实前的小幼虫，体色为黄绿色，难以被发现，所以要仔细检查，不能漏掉了。受害的果实，要迅速地摘除，并消灭其中的幼虫。如果受害果实中没有幼虫，再查找一下周围的果实，找到虫子后立即消灭。

使用药剂的防治 >>

天然型药剂

幼虫一旦钻入果实内部，药剂就难以喷到，防治效果就很差，所以在幼虫发生的前半期（从梅雨开始前到整个梅雨季节），对整株喷几次赞塔里水分散粒剂（成分：BT 菌的芽孢及结晶物→ P154）。

化学合成药剂

对整株喷几次卡斯开特乳剂（成分：氟虫脲→ P158）。

发生时期

6~10 月

易发生的其他蔬菜

茄子、甜椒、辣椒、黄瓜、南瓜、秋葵、玉米、豌豆、马铃薯等

茄子（茄科）

症例①

叶片

受害后呈网目状

受害后呈网目状的叶片。

果实

受害部位呈网目状

受害的果实。

叶片背面

有带刺的幼虫

咬食叶片背面的幼虫（图为马铃薯叶片）。

二十八星瓢虫

瓢虫的一种，是与七星瓢虫形态相似的食害性害虫

害虫

二十八星瓢虫也叫伪瓢虫，为害叶片成网目状，只剩下叶脉是它的为害特征。1 年发生 2~3 代，是茄科蔬菜的主要害虫。成虫体色为红褐色，虫体上有很多黑色斑点；幼虫身体上有分叉的多根刺。成虫和幼虫在叶片背面为害，进一步扩大时还可为害果实，使植株的生长发育变迟缓，从而影响产量。

成虫在叶片背面产卵，孵化的幼虫开始群集为害，以后分散为害，经蛹又变成成虫。冬天时成虫在落叶下或树皮的裂缝等处越冬。该虫在日本除寒冷地区以外的关东以西地区都有分布。

在叶片背面附着的成虫。

附着在叶片背面的卵块。

不使用药剂的防治 >>

平常要认真观察，一旦发现成虫、幼虫或卵，就立即捕杀。采收后的残枝落叶要尽快地处理掉，防止害虫增殖。对越冬场所落叶的清除、田地的清扫等要特别仔细。如果附近有马铃薯等茄科蔬菜，也要确认一下这些蔬菜上有无虫害发生。

使用药剂的防治 >>

天然型药剂

在成虫、幼虫发生初期，可喷洒帕拜尼卡 V 喷剂。

化学合成药剂

在虫害发生初期，可喷洒家庭园艺用杀螟松乳剂（→ P159），叶片背面也要细致地喷洒到。因为从梅雨季节结束至盛夏，随着温度的升高，害虫发生会多，一旦发现就迅速地喷洒药剂，控制其为害。

发生时期

5~10 月

易发生的其他蔬菜

番茄、甜椒、辣椒、酸浆果、黄瓜、菜豆、马铃薯等

症状 体长约 1 毫米、暗绿色的虫子，在叶片背面群生

为害部位（花、花蕾、茎、新芽、叶片）

叶片背面

小的虫子群生

在叶片背面群生，吸食植物的汁液。

原因

棉蚜

吸食植物汁液的害虫

害虫

在叶片背面的叶脉附近也聚集着。

体长约1毫米、暗绿色的棉蚜，附着在叶片背面，为害蔬菜、花卉等多种植物。繁殖力旺盛，吸食寄生部位的汁液，从而影响植株的生长发育。另外，其排泄物还会诱发煤污病，使叶变黑，有的可传播花叶病毒病。通常成虫无翅，但是当生存密度高时，就会出现有翅的个体，向周围移动进行扩散。近年来，有些地区的棉蚜出现了严重的抗药性，原先常用的药剂防效很差了，在使用药剂防治时要注意。

不使用药剂的防治 >>

一旦发现棉蚜，就捏死，或用刷子等清除。如果在地面铺设反光膜，也可减少成虫飞来的数量。另外，如果氮肥施得过多，会促使棉蚜的发生，所以要注意。

使用药剂的防治 >>

天然型药剂
在棉蚜发生初期，可喷洒帕拜尼卡 V 喷剂。

化学合成药剂
在棉蚜发生初期，可喷洒拜尼卡拜吉夫路 V 喷剂（成分：噻虫胺·腈菌唑 → P167）或拜尼卡水溶剂。

发生时期 5~11 月

易发生的其他蔬菜 黄瓜、草莓、秋葵等

症状

叶片只剩下表皮，成为飞白状；
幼虫在叶片背面群生

为害部位（叶片）

叶片

害虫取食后形成的小孔

受害后出现多孔洞的叶片。

原因

斜纹夜蛾

夜蛾的一种，是有昼伏夜出习性的食害性害虫

寄生在叶片背面的幼虫，在身体前部有 1 对黑色纹路（斑点）。

　　斜纹夜蛾也称夜盗虫，是茄子的主要害虫，1 年发生 5~6 代，取食叶肉，残留下表皮形成飞白状。每只雌成虫在叶片背面可产数百粒成堆的卵，幼虫长大后体长约 4 厘米，取食量也会增加。

　　生长期的幼虫，白天躲在植株基部或稻草等下面，夜间出来活动，即使进行为害，也难以被找到，这是比较惹人烦的。在梅雨季节不下雨的天气或在梅雨季节结束后天气连续高温干旱的年份，虫害发生就多。

 不使用药剂的防治 >>

　　如果发现叶片变成飞白状，叶片背面有群生的幼虫或卵块，就将整个叶片摘除并消灭。在植株基部或铺的稻草下有潜伏着的幼虫，可找出来并消灭。

 使用药剂的防治 >>

天然型药剂
　　在虫害发生初期，可喷洒赞塔里水分散粒剂。

化学合成药剂
　　在虫害发生初期，可喷洒纳莫鲁特乳剂（成分：伏虫隆→ P163 ）。

发生时期　8~10 月

易发生的其他蔬菜　番茄、草莓、毛豆、甘蓝、花椰菜、嫩茎花椰菜、白菜、生菜、紫苏、萝卜、芜菁等

症状

叶片出现白色的斑点，并逐渐扩大

为害部位（叶片、茎、果实）

叶片

果实

出现白色斑点

严重时，蒂部也呈白色。

叶片表面白色的斑点零星地发生。

原因

白粉病

病害

由真菌引起的传染性病害

在叶片上生长着像面粉一样的白色霉层，是茄子的主要病害。叶片受害后，光合作用受抑制，植株生长发育不良。严重时，茎和果实上也长有霉层，下面的叶片发黄变色，最终脱落。

一般的病害是在湿度大时易发生，但是白粉病是在雨少连续阴天，稍有点儿干旱的条件下易发生。另外，由于氮肥过多而引起的植株过于繁茂，或者密植导致通风、透光不良时也容易诱发白粉病。

病原菌随着脱落的被害枝、叶等在土壤中越冬，第2年春天成为传染源。

不使用药剂的防治 >>

定植时避免密植，把枝适当地引缚，保证通风、透光良好。受害叶片、落叶要及时地清除出去。

 使用药剂的防治 >>

天然型药剂

在发病初期，可喷洒拜尼卡马鲁到喷剂或阿里赛夫。

化学合成药剂

可喷洒拜尼卡绿V喷剂、百菌清或潘乔TF水分散粒剂。

发生时期　6~10月

易发生的其他蔬菜　番茄、黄瓜、南瓜等

症状

在果实上钻蛀形成直径为 5 毫米左右的圆孔，果实内有虫子

为害部位（果实、茎、叶片、花蕾）

茄 子（茄科） 症例 ⑤

果实

钻蛀的孔洞

幼虫为害果实，钻蛀形成圆形的孔洞。

原因

烟青虫

害虫

夜蛾的一种，是钻入果实内部为害的害虫

叶片上的幼虫。

1 年发生 3~4 代，夜蛾类的幼虫，在茄子果实上钻蛀形成圆形的孔洞，进入内部为害，并从孔洞中排出褐色的粪便。

小的幼虫为害新芽和花蕾，不久就钻蛀到果实内部为害。长至体长 4 厘米左右时，取食量也增加。因为 1 只幼虫能转果为害多个果实，所以即使是数量较少，其危害也很大。在日本全国都有分布，高温干旱的年份发生量大。

不使用药剂的防治 >>

认真观察花、花蕾或新芽是否萎蔫，一旦发现幼虫，就立即捕杀。把受害的果实摘掉，将果实内的幼虫消灭。

使用药剂的防治 >>

天然型药剂

在进入梅雨季节前，可喷洒赞塔里水分散粒剂或菜喜水分散粒剂（成分：多杀菌素→P154）。

化学合成药剂

在虫害发生初期，可喷洒氯虫苯甲酰胺（→P164）。

发生时期 6~10 月

易发生的其他蔬菜 番茄、甜椒、辣椒、玉米、秋葵、生菜等

症状 新叶畸形，果实表面出现褐色的
鱼鳞状龟裂

为害部位（新叶、花蕾、果实）

叶片

果实

叶片扭曲畸形

表面出现褐色的鱼鳞状龟裂。

新叶受害后导致畸形。

原因

茶黄螨

害虫

螨的一种，是吸食植物汁液的害虫

寄生在蔬菜、花卉、树木等多种植物上吸食汁液，在夏天高温期多发。新叶受害后导致畸形，叶缘卷曲，叶片背面变为褐色，带有光泽。果实表面或蒂部受害后变为褐色，果实停止膨大。该虫繁殖旺盛，但是虫体小，体长 0.25 毫米左右，肉眼难以辨认，多是为害产生之后才被发现。

茶黄螨能爬行移动进行为害，但是主要靠随风飘移扩散。主要以成虫的形态在山茶花、茶花或杂草等植物上越冬。

不使用药剂的防治 >>

彻底清除周围的杂草，使害虫无栖息场所。把受害的植株或落叶等植物残渣及早地处理掉。

 使用药剂的防治 >>

天然型药剂

当新芽或新叶出现萎缩、畸形等症状时，可用阿里赛夫以叶片背面和新芽为中心细致地进行喷雾防治。

化学合成药剂

在虫害发生初期，可喷洒灭螨猛可湿性粉剂（成分：喹喔啉系 → P168）。

发生时期 5~10 月

易发生的其他蔬菜 甜椒、草莓、菜豆等

茄子（茄科）

症例 ⑦

为害部位（叶片）

叶片

发生量大时，
叶片全体黄化。

叶片出现白色的斑点

受害后出现很多小斑点的叶片。

原因

神泽氏叶螨

螨的一种，是吸食植物汁液的害虫

害虫

图为显微镜下的成虫。

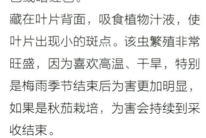

体长 0.5 毫米左右，体色为黄绿色或暗红色。藏在叶片背面，吸食植物汁液，使叶片出现小的斑点。该虫繁殖非常旺盛，因为喜欢高温、干旱，特别是梅雨季节结束后为害更加明显，如果是秋茄栽培，为害会持续到采收结束。

受害严重时，叶片变色、脱落，影响植株生长发育，有时在受害部位形成类似蜘蛛编织的网状物。可随风飘移扩散，也可爬行到周围的植株上进行为害。

不使用药剂的防治 >>

梅雨季节结束后铺上稻草等，适时浇水，不要过于干旱。不能栽植得太密，保持通风良好。

使用药剂的防治 >>

天然型药剂
在虫害发生初期，向叶片背面喷洒拜尼卡马鲁到喷剂或帕拜尼卡 V 喷剂。
化学合成药剂
可喷洒螨太郎或来福绿（成分：乙螨唑→ P164）。

发生时期　5~10 月

易发生的其他蔬菜　番茄、甜椒、黄瓜、西瓜、豌豆、秋葵、草莓、紫苏等

黄瓜（葫芦科）　症例❶

症状 叶片上附着像小麦面粉一样的
白色真菌

为害部位（叶片）

叶片

出现白色斑点

在发病初期，出现白色、圆形、粉状的斑点。

叶片

全部变成白色

为害进一步发展，扩展到整个叶片。

白粉病

由真菌引起的传染性病害

病害

发病时，叶片上生有像小麦面粉一样的白色霉层，是以黄瓜为代表的葫芦科蔬菜上的主要病害。为害进一步扩展时，整个叶片被白色霉层覆盖，影响光合作用，植株生长发育变差。

不仅采收量减少，而且果实得不到充足的营养供应，是造成果实弯曲的主要原因。严重时，植株全体干枯。

在雨少的连续阴天，稍微有点儿干旱的天气时容易发生，如果施氮肥太多，植株生长会过于繁茂；栽植过密，导致通风、透光不良易诱发白粉病。受害的叶片上产生孢子并随风飞散，向周围植株扩散蔓延。

为害扩展至多个叶片，并呈现白色。

不使用药剂的防治 >>

留出合理空间进行定植，将茎蔓及时引缚，使通风、透光条件变好。要把受害的叶片、落叶及早地清理掉。因为氮肥施得过多，容易诱发白粉病，所以要注意，可使用粒状的缓释性氮素肥料（有树脂涂层剂）作为基肥或追肥。

使用药剂的防治 >>

天然型药剂

在白色真菌刚稀疏出现的初期，可对整株细致地喷洒施钾绿（成分：碳酸氢钾→P153）或拜尼卡马鲁到喷剂或阿里赛夫。

化学合成药剂

在发病初期，可选用拜尼卡绿 V 喷剂、拜尼卡拜吉夫路 V 喷剂、百菌清或潘乔 TF 水分散粒剂进行喷洒。

发生时期

5~10 月

易发生的其他蔬菜

番茄、茄子、甜椒、南瓜、甜瓜、草莓、豌豆、菜豆、秋葵、荷兰芹、胡萝卜等

症状 在叶脉附近有黄色或褐色的小斑点

为害部位（叶片）

叶片

形成微黄色的病斑

为害进一步发展，病斑变大并向外扩展。

叶片出现病斑

叶片的一部分变为褐色

在叶脉附近形成病斑。

病斑刚开始出现的叶片。

原因

霜霉病

由真菌引起的传染性病害

病害

由真菌引起的传染性病害，在叶脉附近形成黄色或褐色的病斑。霜霉病是黄瓜等葫芦科蔬菜的主要病害，在白菜和菠菜上也经常发生。

该病在梅雨季节发生，为害进一步发展会导致植株下部的叶片干枯。发病的叶片背面生长着灰黑色的霉层，附着在上面的孢子随风向周围飘移扩散，到了健康植株上从叶片气孔处侵入进行传染。

在叶片背面生长的灰黑色真菌。

不使用药剂的防治 >>

定植时起高垄，使排水通畅，铺上地膜等防止泥水飞溅。要避免密植，改善通风、透光环境。受害的残枝落叶等要及早地清理掉。在氮肥施得过多或者不足的情况下，也容易诱发霜霉病的发生，所以要合理地配方施肥，培育健壮植株。

使用药剂的防治 >>

天然型药剂

在病斑较小的发病初期，连周围的健康植株一起整株喷洒圣波尔多（成分：碱式氯化铜→P153）。在幼苗期和高温时不要喷洒此药，以免发生药害。

化学合成药剂

在发病初期，用百菌清对全部植株进行细致喷雾，不只是叶片正面，叶片背面也要细致地喷洒到。

发生时期

6~7 月

易发生的其他蔬菜

南瓜、西瓜、冬瓜、苦瓜、丝瓜、越瓜、瓠子等葫芦科蔬菜，以及白菜、菠菜等

症状 在新芽和花上寄生着暗绿色的虫子

为害部位（花、花蕾、新芽、叶片）

叶片

像芝麻粒一样大小的虫子

寄生在叶片上。

原因

棉蚜

吸食植物汁液的害虫

 害虫

寄生在新芽上。

体长1毫米左右的暗绿色虫子，可为害蔬菜、花卉及观赏花木等植物。繁殖旺盛，吸食寄生部位的汁液，影响植株的生长发育。

棉蚜的排泄物可诱发煤污病，使茎和叶片变脏，还可传播花叶病毒病，棉蚜是黄瓜非常讨厌的害虫。通常成虫无翅，当生存密度大时，就会出现有翅的个体，飞到其他场所进行繁殖、为害。

 不使用药剂的防治 >>

一旦发现棉蚜立即捕杀。定植前在地面铺设反光膜，可避免成虫飞来。要注意氮肥不能施用过多。

 使用药剂的防治 >>

天然型药剂

在虫害发生初期，可喷洒拜尼卡马鲁到喷剂。

化学合成药剂

在虫害发生初期，喷洒拜尼卡拜吉夫路喷剂或拜尼卡绿V喷剂，定植时喷洒吡虫啉可湿性粉剂。

发生时期 5~11月

易发生的其他蔬菜 茄子、草莓、秋葵、西瓜、南瓜等

黄瓜（葫芦科）症例 ❹

黄瓜

症状 叶片被咬出圆形的孔，有橙黄色的虫子

为害部位（成虫：叶片；幼虫：根）

叶片

咬出圆形的孔

叶片被咬出许多孔，破烂不堪。

原因

瓜叶虫

害虫

甲虫的一种，是寄生在葫芦科蔬菜上的食害性害虫

把叶片咬成环状的成虫。

体长 8 毫米左右，体色为橙黄色，有光泽，成虫将叶片咬成环状，是其为害的最大特征。1 年发生 1 代，是黄瓜的主要害虫，如果发生量大，会把叶片咬得破烂不堪，严重影响植株生长发育。如果幼苗期受害，叶片会被全部吃光。

另外，成虫会在葫芦科蔬菜的植株基部产卵，孵化出黄白色蛆状的幼虫为害植株的根。

不使用药剂的防治 >>

在成虫行动迟缓的早晨进行捕杀。定植前在地面铺设反光膜，以避免成虫飞来。

使用药剂的防治 >>

化学合成药剂

在虫害发生初期，可喷洒拜尼卡拜吉夫路喷剂或家庭园艺用马拉硫磷乳剂（→P159）。若防治幼虫，应在定植前先把二嗪农颗粒剂（→P161）混入土壤中。

发生时期　4~10 月

易发生的其他蔬菜　南瓜、西瓜、甜瓜、越瓜、葫芦等

叶片出现圆形的病斑，进一步发展后病斑凹陷、穿孔并干枯

为害部位（叶片、茎、果实）

叶片

呈圆形并褪色的病斑

为害进一步发展，病斑出现穿孔。

发病后叶片出现圆形的病斑。

原因

炭疽病

病害

由真菌引起的传染性病害

在叶片上形成圆形的黄褐色病斑是它发病的初期症状，叶片老后病斑就干枯形成孔洞。炭疽病是由真菌引起的病害，以黄瓜为代表的，甜瓜、西瓜等葫芦科蔬菜易受害。果实受害后形成褐色、凹陷的病斑。

温度22~24℃、降雨连续、空气湿度大、通风不良时易发病。另外，排水不好，地表总是有积水的地块，易诱发炭疽病。在病斑处形成的病菌孢子，随雨水的飞溅而传播扩散，从而侵染周围的植株。

 不使用药剂的防治 >>

选择在排水好的地块栽培，不要密植，保证通风、透光良好。把受害的部位和落叶及时处理掉。氮肥一次性施得过多，会诱发炭疽病，所以施肥时要注意。采收结束后，要把缠在支柱上的枯枝和卷须等清理干净。

 使用药剂的防治 >>

化学合成药剂

在发病初期，对整株喷洒百菌清，也可用苯菌灵可湿性粉剂（→ P167）或甲基托布津（→ P162）等。

发生时期　6~9月

易发生的其他蔬菜　西瓜、甜瓜、冬瓜等

症状

叶片出现白色小斑点，严重时呈飞白状

为害部位（叶片）

叶片

形成白色的斑点

白色的小斑点在整个叶片扩展。

原因

叶螨类

蜘蛛的一类，是吸食植物汁液的害虫

害虫

左图为体长 0.5 毫米左右的成虫。右图为显微镜下的成虫。

叶片受害后出现白色的小斑点，症状进一步发展时呈现飞白状。

叶螨类可寄生大多数的植物，体色为黄绿色或暗红色。繁殖旺盛，卵经过 10 天左右就可变成成虫，所以在还未被发现时其为害就扩大了。叶螨类喜欢高温、干旱的环境，尤其是梅雨季节结束以后更易发生。为害进一步发展时叶片变黄、脱落，从而影响植株生长发育。另外，有时会在受害部位形成类似蜘蛛编织的网状物。

不使用药剂的防治 >>

在植株基部铺上稻草等，夏天时要适时浇水，不要过于干旱。

使用药剂的防治 >>

天然型药剂

在虫害发生初期，以叶片背面为中心喷洒拜尼卡马鲁到喷剂或阿里赛夫。

化学合成药剂

可喷洒螨太郎或来福绿。

发生时期　5~8 月

易发生的其他蔬菜　番茄、茄子、甜椒、西瓜、草莓、玉米、菜豆、毛豆、秋葵、菠菜、紫苏等

甜椒（茄科）

症例❶

为害部位（果实）

叶片

也会飞到果实上吸食汁液

叶片上的成虫，用手触碰时发出恶臭气味。

原因

朱绿蝽

吸食植物汁液的害虫

为害甜椒的主要害虫，体长 10 毫米左右，体色为茶色或绿色。朱绿蝽用像针一样的口器插入果实吸食汁液进行为害，受害部位凹陷，果肉像海绵一样松软。

椿象的一种，它的身体被触碰时，为了防御会发出恶臭气味。尤其是 7~8 月发生量大，在柿和梨的果园中经常发现其吸食果实的汁液。

该虫在杉树或日本扁柏等树上产卵，孵化的幼虫在产卵的树上生长发育。成虫吸食蔬菜或果树的汁液，在落叶下等地方越冬。

不使用药剂的防治 >>

在蔬菜地的周边，如果有杉树或日本扁柏等树木，其成虫就会飞来，所以平时要观察植物，一旦发现成虫，就立即捕杀。冬天时不要忘记把容易成为越冬场所的落叶清除干净。

使用药剂的防治 >>

化学合成药剂

在虫害发生初期，对整株喷洒阿地安乳剂（成分：氯菊酯→P156）。

发生时期 4~10 月

易发生的其他蔬菜 番茄、茄子、毛豆、菜豆等

症状 | 在叶片背面寄生体长 2 毫米左右的小虫子

为害部位（叶片）

叶片背面

在叶片背面吸食汁液

沿着叶片背面的叶脉群生。

原因

蚜虫类

吸食植物汁液的害虫

害虫

各种各样的蚜虫在吸食植物的汁液。

一般寄生在叶片背面，体长 2 毫米左右，广泛寄生在蔬菜、花卉、杂草上，吸食植物汁液，影响植株生长发育。另外，其留在叶片上的排泄物会诱发煤污病，还可传播花叶病毒病。繁殖旺盛，在叶片上群生，当生存密度大时就会产生有翅的个体，向周围迁飞扩大为害。

在高温的夏天时，蚜虫的生存数量减少，到秋天时数量又增加。冬天温暖雨少的年份发生多。

不使用药剂的防治 >>

一旦发现蚜虫，立即捕杀。定植前在地面铺设反光膜，可避免成虫飞来。

使用药剂的防治 >>

天然型药剂

在虫害发生初期，可喷洒拜尼卡马鲁到喷剂。

化学合成药剂

在虫害发生初期，可喷洒拜尼卡水溶剂或者在定植前撒施吡虫啉颗粒剂。

发生时期 4~11 月

易发生的其他蔬菜 番茄、茄子、黄瓜、嫩茎花椰菜、白菜、小油菜、小白菜、萝卜、芜菁等

症状

果实上有孔，内有茶褐色的虫子

为害部位（果实、茎、叶片、花蕾）

果实

咬出孔洞

幼虫钻入果实中的孔洞（图为辣椒）。

原因

烟青虫

夜蛾的一种，是食害性害虫

害虫

茶褐色的幼虫在果实内部取食为害（图为玉米）。

在果实上钻蛀直径为5毫米左右的圆孔，进入其中取食为害。烟青虫是蛾类的幼虫，侵入果实内部取食为害，并从钻蛀孔排出暗褐色的粪便；进一步成长至体长4厘米左右，取食量增加，而且1只虫子可转果为害多个果实，所以即使是较少的虫子，也能造成大的危害。在土壤中以蛹越冬，第2年6月时出现成虫，在叶片背面或新芽等处产卵，孵化的幼虫又开始为害。

不使用药剂的防治 >>

检查一下花蕾或叶是否萎蔫，一旦发现幼虫，立即捕杀。摘除受害的果实，消灭其中的幼虫。受害果实内找不到虫体时要检查周围的果实，找到虫子立即消灭。

使用药剂的防治 >>

天然型药剂

在进入梅雨季节前，可喷洒赞塔里水分散粒剂。

化学合成药剂

在虫害发生初期，对整株喷几次拜尼卡S乳剂（成分：氯菊酯→P165）。

发生时期　4~10月

易发生的其他蔬菜　番茄、茄子、黄瓜、秋葵等

症状 叶片生有黑霉，并失去光泽

为害部位（叶片、茎、果实）

叶片

出现黑色斑点

果实

叶片生有黑霉

果实上也出现黑霉。

生有煤烟状黑霉的叶片。

原因

煤污病

由真菌而引起的传染性病害

发病后，致使叶片、茎、果实等表面覆盖有黑色真菌。空气中的煤污病病菌，以蚜虫、粉虱等害虫的排泄物作为营养进行增殖。一般通风、透光差，空气湿度大的场合是其适宜发生的环境。如果放任不管，叶面会被厚厚的煤烟状的膜所覆盖，抑制光合作用，从而影响植株生长发育。

对于煤污病本身采取防治对策比较困难，所以要考虑诱发煤污病的发生原因——由蚜虫等害虫的发生而引起，所以要尽早消灭这些害虫。

不使用药剂的防治 >>

要改善通风、透光环境。仔细检查新芽或叶片上有无蚜虫或粉虱，一旦发现，立即捕杀。

使用药剂的防治 >>

天然型药剂

防治煤污病，没有适用的天然型药剂。防治蚜虫，可使用拜尼卡马鲁到喷剂。

化学合成药剂

防治蚜虫等害虫时，可喷洒拜尼卡水溶剂或者在定植前撒施吡虫啉颗粒剂。

发生时期 6~10月

易发生的其他蔬菜 番茄、茄子、黄瓜、秋葵等

为害部位（穗、茎、果实）

叶基

在叶基部有粪便

幼虫侵入雄穗基部取食为害，排出粪便。

雌穗

从取食为害的部位排出粪便

幼虫钻入果实（雌穗）的顶端取食为害。

茎

从茎上的孔洞中排出粪便

在茎中取食为害，排出粪便。

原因

玉米螟

螟蛾的一种，是食害性害虫

害虫

玉米螟是螟蛾科的害虫，幼虫主要为害禾本科植物。在茎和叶基部排出茶色的块状物，就是玉米螟幼虫的粪便。幼虫头部黑色，身体浅黄色，主要为害茎和果实。

初夏植株顶端的雄穗抽出时，幼虫钻入雄穗中，雄穗开花前后从穗和茎向外排出很多的粪便。之后，幼虫为害生长期的果实（雌穗）。发生量大时，受害茎被风一吹就会折断，产量也降低。幼虫在茎中经过蛹变成浅黄色的蛾。在日本关东地区 1 年发生 2~3 代。

从茎的孔洞中进出的幼虫。在孔洞的周围有茶色的粪便。

🚫 不使用药剂的防治 >>

平时就认真检查，看雄穗处有无虫粪排出。一旦发现虫粪就剪掉受害部并将其中的幼虫消灭，可防止幼虫再钻入雌穗为害。采收后对残株要立即清理，以消灭第 2 年的发生源。

使用药剂的防治 >>

天然型药剂

在雄穗抽出的时期，可整株喷洒套阿涝可湿性粉剂（成分：BT 菌的芽孢及结晶物→ P154）。

化学合成药剂

雄穗伸展时，可喷洒拜尼卡 S 乳剂；或者在雄穗抽出后，在其基部撒施辛硫磷颗粒剂。

在处理受害茎叶时，若将其埋在土壤中，虫子不会被杀死，必须要焚烧处理。

发生时期

5~8 月

易发生的其他蔬菜

阳荷、生姜等

症状

在果实（雌穗）上咬出孔洞并钻进去，在内部取食为害

为害部位（果实）

果实

在果实上咬出孔洞

幼虫在果实上咬出孔洞钻入的痕迹。

原因

烟青虫

害虫

夜蛾的一种，是钻入果实中取食为害的害虫

一种夜蛾的幼虫，在果实（雌穗）上咬出直

从果实中爬出来的幼虫。

径为 5 毫米左右的孔洞并钻进去，在内部取食为害。幼虫的体色为绿色至茶褐色，有多种颜色，成长至体长 4 厘米左右时，取食量增加，可转果为害多个果实，是玉米很讨厌的害虫。发生量大时，造成玉米大量减产。

在土壤中以蛹越冬，第 2 年 6 月羽化为体长 1.5 厘米左右的黄褐色蛾，成虫在叶片上产卵，孵化的幼虫又开始为害。

 不使用药剂的防治 >>

平时细致地检查，一旦发现幼虫，就立即捕杀。受害的果实要立即摘除，并把其中的幼虫消灭。

 使用药剂的防治 >>

天然型药剂

在幼虫发生的梅雨之前到梅雨的前半阶段，对整株可喷洒赞塔里水分散粒剂。

化学合成药剂

连续喷洒几次氯虫苯甲酰胺（→ P164）。

发生时期 6~8 月

易发生的其他蔬菜 番茄、茄子、甜椒、黄瓜等

甜瓜（葫芦科）

症状 有橙黄色的甲虫，把叶片咬出许多圆形的孔

为害部位（成虫：叶片；幼虫：根）

叶片

咬出圆形的孔

被咬出许多圆形的孔、破烂不堪的叶片。

原因

瓜叶虫

甲虫的一种，是寄生于葫芦科蔬菜的食害性害虫

把叶片咬出圆孔的成虫。

体长 8 毫米左右，体色为橙黄色，有光泽，1 年发生 1 代，是葫芦科蔬菜的主要害虫。成虫取食叶片，将其咬出多个圆孔。发生量大时，叶片被为害得破烂不堪。若幼苗受害，叶片几乎被吃光。

成虫在葫芦科蔬菜的植株基部产卵，孵化的黄白色蛆状幼虫也为害根部。幼虫成熟后在土壤中变成蛹，羽化的成虫在 7~8 月出现，又开始为害。

不使用药剂的防治 >>

在瓜叶虫行动迟缓的早晨进行捕杀。定植前在地面铺设反光膜，可抑制成虫飞来。

使用药剂的防治 >>

化学合成药剂

在成虫发生初期，对整株喷洒家庭园艺用马拉硫磷乳剂。防治幼虫，应在定植前在土壤中混入辛硫磷颗粒剂。

发生时期 4~10 月

易发生的其他蔬菜 黄瓜、南瓜、西瓜、越瓜、丝瓜、瓠子、香瓜等瓜类

南瓜（葫芦科）

叶片上生有像小麦面粉一样的白色霉层

为害部位（叶片）

叶片

出现白色粉状的斑点

叶片上生有像小麦面粉一样的霉层。

原因

白粉病

由真菌引起的传染性病害

发病严重时，多数叶片干枯脱落。

　　叶片上生有像小麦面粉一样的霉层，是由真菌引起的，若进一步发展，整个叶片被白色霉层覆盖，影响光合作用，使植株生长发育变差，严重影响产量。

　　少雨连阴天，稍微有点儿干旱时易发生。

　　另外，氮肥施得过多、叶片生长繁茂，或者栽植过密，导致通风、透光不良，容易发生白粉病。

不使用药剂的防治 >>

　　要合理密植、适时吊蔓，保持通风、透光良好。受害叶片和落叶要及时地清除，以切断传染源。

使用药剂的防治 >>

天然型药剂

　　在发病初期，喷洒拜尼卡马鲁到喷剂。

化学合成药剂

　　对整株喷洒百菌清或灭螨猛可湿性粉剂或者潘乔 TF 水分散粒剂。

发生时期 5~10 月

易发生的其他蔬菜 番茄、茄子、黄瓜、草莓等

南瓜（葫芦科）症例❷

症状

在叶片上咬出耳环状的圆形孔，有橙黄色的甲虫

为害部位（成虫：叶片；幼虫：根）

叶片

咬出许多圆形的孔

咬出多个圆形的孔，导致叶片破烂不堪。

原因

瓜叶虫

甲虫的一种，是寄生于葫芦科蔬菜的食害性害虫

害虫

取食为害叶片的成虫。

叶片被咬出圆形的孔，如果有橙黄色的甲虫，就是瓜叶虫。1年发生1代，把叶片为害成耳环状。发生量大时，把叶片咬得破烂不堪，从而影响植株生长发育。若在幼苗期发生，有时大多数叶片被吃光。如同其名字一样，喜欢为害南瓜等葫芦科蔬菜。成虫为害叶片的同时，在葫芦科蔬菜的植株基部产卵，孵化的黄白色蛆状的幼虫又取食为害根部。

不使用药剂的防治>>

在瓜叶虫行动迟缓的早晨进行捕杀。定植前在地面铺设反光膜，以抑制成虫飞来。

使用药剂的防治>>

化学合成药剂

在虫害发生初期，喷洒产经马拉硫磷乳剂（→ P160）。防治幼虫，应在土壤中混入辛硫磷颗粒剂之后再进行定植。

发生时期 4~5 月、7~8 月

易发生的其他蔬菜 黄瓜、西瓜、甜瓜、香瓜、越瓜等瓜类

叶片

叶色变得黄绿相间

为害进一步发展，叶片全部扩展成黄绿相间的斑驳。 叶片出现拼花状的黄绿斑驳。

原因

花叶病毒病

由病毒引起的传染性病害

由病毒引起的病害，叶片出现黄绿相间、拼花状的斑驳，受害的植株生长发育受影响，产量降低，外观变差，多发时整株全部萎缩。

病毒是由蚜虫等媒介传播的，剪切染病植株用的剪刀、用手操作染病植株沾到手上的汁液等都可传播病毒。

高温、干旱、雨少，蚜虫发生多的年份要特别注意。一旦发病，没有好的治疗药剂，所以要防止蚜虫等传播媒介飞来，不使植株感染是很重要的。

不使用药剂的防治 >>

发现病株要及时拔除。定植时在地面铺设反光膜，以避免蚜虫飞来。

使用药剂的防治 >>

天然型药剂
在蚜虫发生初期，喷洒阿里赛夫或拜尼卡马鲁到喷剂。
化学合成药剂
在蚜虫发生初期，可喷洒拜尼卡拜吉夫路喷剂或拜尼卡水溶剂。

发生时期 4~10月（特别是蚜虫发生的时期）
易发生的其他蔬菜 菠菜、萝卜、西葫芦、番茄等

苦瓜（葫芦科）

症例❶

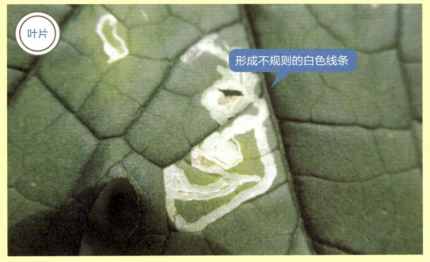

叶片

形成不规则的白色线条

出现弯曲的白色线条的叶片。

原因

潜叶蝇类

潜入叶片中取食为害的害虫

害虫

被幼虫寄生，形成很多白色线条。

该虫又叫画符虫，可广泛寄生在蔬菜、花卉等植物上，在叶片上为害，形成弯曲的白色线条是其为害特征。成虫产卵于叶内，孵化的幼虫在叶片表面和背面之间边取食叶肉边行进，只留下上下表皮，使受害部分呈半透明状。多发时，叶片全部干枯。若在植株生长发育初期发生量多，会严重影响产量。在日本北部1年发生3~4代，在温暖地区发生4代以上，在冬天也可为害。

不使用药剂的防治>>

平时要细致地检查植物，如果发现叶片有白色线条，应尽快地把线条前端的幼虫用手指捏死。

使用药剂的防治>>

化学合成药剂

等到虫害发生严重时再防治就困难了，所以应在发生初期喷洒卡斯开特乳剂。

发生时期 4~11月

易发生的其他蔬菜 甘蓝、嫩茎花椰菜、小油菜、白菜、茼蒿、生菜、萝卜、芜菁、马铃薯等

症状 叶片的一部分变为褐色，不久形成穿孔，使叶片破烂不堪

为害部位（叶片、茎、果实）

叶片

出现褐色的圆形斑点

为害进一步发展，病斑部凹陷，形成穿孔的叶片。

原因

炭疽病

由真菌引起的传染性病害

由真菌引起的病害，以苦瓜为代表的，甜瓜、西瓜等葫芦科蔬菜易受病害。发病初期，在叶片形成圆形的黄褐色病斑，病斑上密生小黑点，后期病斑干枯形成穿孔；在果实上形成褐色凹陷的病斑。发病严重时，叶片干枯，严重影响产量。

排水差、地表积水的地块易发病，而且病斑上形成病菌的分生孢子，会借雨水传播扩散蔓延。另外，病原菌在落叶或缠在支柱上的卷须等处越冬，成为第2年的传染源。

 不使用药剂的防治 >>

选择排水好的地块，合理密植，改善通风、透光条件。及早清理受害的叶片和落叶。氮肥一次性施得过多、茎叶生长过于繁茂时，易诱发炭疽病，所以要注意。采收结束时，要把缠在支柱上的枯叶及卷须等及时清除。

 使用药剂的防治 >>

化学合成药剂

在发病初期，对整株喷洒百菌清。

发生时期 6~9月

易发生的其他蔬菜 西瓜、甜瓜等葫芦科蔬菜

豌豆（豆科）

症例①

症状 叶片出现弯曲的白色线条，且线条前端有虫子

为害部位（叶片）

叶片

形成不规则的白色线条

出现弯曲的白色线条的叶片。

原因

豌豆潜叶蝇

潜入叶片中为害的食害性害虫

为害进一步发展，多数叶片发白。

该虫又叫画符虫，在叶面上形成弯曲的白色线条。除为害豆科和十字花科蔬菜外，还广泛为害菊科和香豌豆等植物。

成虫在叶片中产卵，孵化的幼虫在叶片中取食叶肉，边取食边行进，只剩上下表皮，受害部分呈透明状，影响植株生长发育。发生量大时，导致多数叶片干枯。在日本北部1年发生3~4代，在温暖地区发生4代以上，在冬天也能为害。

不使用药剂的防治 >>

平时要细致地检查，叶片出现白色线条时，应尽早地把线条前端部分的幼虫用手指捏死。

使用药剂的防治 >>

化学合成药剂

等到虫害发生严重时再防治就困难了，所以应在发生初期就喷洒药剂，如家庭园艺用马拉硫磷乳剂。

发生时期 5~10月

易发生的其他蔬菜 甘蓝、嫩茎花椰菜、白菜、小油菜、生菜、茼蒿、马铃薯、萝卜、芜菁等

症状 叶片像涂了小麦面粉一样变白了

为害部位（叶片）

供图：茨城县农业综合中心园艺研究所　鹿岛哲郎

叶片

出现白色斑点

为害进一步发展，植株全体变白。

发病初期，叶片出现白色圆形的斑点。

原因

白粉病 病害

由真菌引起的传染性病害

　发病时，叶片就像涂了小麦面粉一样变白。为害进一步发展，整个叶片被白色霉层覆盖，使植株的生长发育变差，严重影响产量。发病严重时，植株全部干枯。雨少连阴天，并稍微有点儿干旱的环境易发生。

　另外，氮肥一次性施得过多导致植株生长过于繁茂，或栽植过密，致使通风、透光不好，都易诱发白粉病。在受害的叶片上形成的分生孢子随风飞散，向周围传染。病原菌在受害部位随残枝落叶落入土壤中越冬，成为第2年的传染源。

 不使用药剂的防治 >>

　要合理栽植，保持通风、透光良好。及时清除受害叶片，以切断传染源。氮肥一次性施入过多，容易诱发白粉病，所以要注意。

 使用药剂的防治 >>

天然型药剂

　在发病初期，可喷洒拜尼卡马鲁到喷剂或阿里赛夫。

化学合成药剂

　在发病初期，对整株喷洒樟油乳剂（成分：嗪氨灵→P159）。

发生时期 2~7月

易发生的其他蔬菜 番茄、茄子、黄瓜、南瓜等

症状

在新芽和叶鞘等部位，有浅绿色的虫子群生

为害部位（新芽、叶片、茎、花、豆荚）

豆荚

寄生着小虫

密密麻麻地群生在豆荚上。

原因

豌豆长管蚜

吸食植物汁液的害虫

害虫

吸食植物汁液的害虫。

在菜园中从春天就发生的一种蚜虫，体长 4 毫米左右，体色为浅绿色，群生在花和豆荚上。主要寄生在豆科蔬菜上吸食植物的汁液，影响其生长发育。还会诱发煤污病，是豌豆很讨厌的害虫。

该虫繁殖旺盛，如果放任不管，豆荚会被密密麻麻的害虫覆盖。冬天时在豌豆或蚕豆上越冬，第 2 年春天，随着温度的升高在新芽上增殖，又开始为害。

不使用药剂的防治 >>

一旦发现蚜虫，就立即捕杀。氮肥一次性施多了，容易促使蚜虫发生，所以要注意。

使用药剂的防治 >>

天然型药剂

在虫害发生初期，可喷洒拜尼卡马鲁到喷剂或阿里赛夫。

化学合成药剂

喷洒家庭园艺用杀螟松乳剂或阿鲁巴林颗粒水溶剂（成分：呋虫胺→P157）。

发生时期 4~11 月

易发生的其他蔬菜 红小豆、毛豆、蚕豆、菜豆等

症状 在新芽、豆荚等处有褐色的虫子

为害部位（新芽、叶片、豆荚）

叶片

飞来的成虫

在叶片上有细长、暗褐色的虫子。

豆荚

有像蚂蚁一样的幼虫

幼虫与蚂蚁形态相似。

豆荚

豆荚因被吸食了汁液而腐烂

即使形成了豆粒，也会萎缩、腐烂。

棒蜂缘蝽

吸食植物汁液是毛豆的主要害虫

体长 15 毫米左右、细长、暗褐色的虫子，是毛豆的主要害虫，会为害新芽、叶片、豆荚。

以幼虫和成虫吸食植物的汁液进行为害。在 5~10 月发生 1~2 代，尤其是夏天以后多发。在结荚时，把口器插入豆荚内的豆粒中吸食汁液，导致豆粒有的干瘪，有的萎缩，还有的腐烂。

到初冬时，成虫移动到日照好的场所的落叶、杂草、常绿树丛中越冬，到第 2 年的初夏时进行产卵，然后变成幼虫、成虫，又对毛豆进行为害。3~5 毫米的初期幼虫，和蚂蚁的形态非常相似。

被吸食了汁液而凋萎的豆荚。

不使用药剂的防治 >>

如果田地周围杂草多，该虫害就容易发生，所以要彻底清除杂草，消除其越冬场所。平时要细致检查，一旦发现幼虫或成虫，就立即捕杀。也要检查虫害发生的蔬菜周边，如果有虫，就立即消灭，以减少虫源基数。冬天时不要忘记把越冬场所的落叶、杂草等全部清除干净。

使用药剂的防治 >>

化学合成药剂

发现幼虫或成虫，就立即喷洒拜尼卡拜吉夫路喷剂或拜尼卡水溶剂或家庭园艺用杀螟松乳剂，整株都要细致地喷洒。因为进入开花期该虫害就会发生，所以即使是幼虫或成虫藏在某些地方没有被发现，从开花时就喷洒药剂是很重要的。

发生时期

5~10 月

易发生的其他蔬菜

菜豆、红小豆、蚕豆、豌豆、豇豆、紫苏等

症状
位于地表面的植株基部的茎，因被咬食而倒伏

为害部位（基部的茎）

茎

茎叶倒伏

基部的茎被咬食而倒伏的幼苗。

原因

黄地老虎（切根虫类）

蛾的一种，是咬食基部茎的食害性害虫

从植株基部的土壤中钻出来的幼虫。

切根虫类，因其别名"切根虫"而容易被误解，实际上是咬食基部茎的害虫。成长的幼虫因为白天藏在土壤中、夜间出来活动，发芽后不久的幼苗就受害，所以很难发现幼虫。1只幼虫可连续为害多株苗，所以即使生存的虫量少，也能造成大的危害。

羽化的成虫，在植株地表面的叶片或杂草的枯叶上一粒一粒地分散产卵。

不使用药剂的防治 >>

如果发现幼苗倒伏，就把植株周围的土浅挖一下，找到幼虫进行消灭。彻底清除周边的杂草，消除幼虫的栖息场所。

使用药剂的防治 >>

化学合成药剂

傍晚时把地虫饵（成分：氯菊酯→P163）撒在植株基部，诱虫出来取食而将其药杀。

发生时期 4~6月、8~11月

易发生的其他蔬菜 番茄、茄子、黄瓜、豌豆、甘蓝、白菜、葱、洋葱、芜菁等

症状

叶片卷曲变为茶色，其中有幼虫

为害部位（叶片、豆荚、新芽）

叶片

被黏合而卷曲

叶片被黏合而卷曲成圆筒状。

原因

豆小卷叶蛾

卷叶蛾的一种，是食害性害虫

害虫

扒开叶片时内有幼虫。

卷叶蛾的一种食害性害虫，体长 15 毫米左右的幼虫，把新芽或芯部的叶片用丝黏合卷曲成圆筒状，在其中取食叶片。叶片受害的部分变成茶色干枯状，生长发育停止。结荚时，幼虫钻到豆荚中为害豆粒，受害的豆荚变为黑色。1 年发生 3~4 代，成虫的蛾把卵产在新芽或豆荚附近，卵孵化成幼虫后又开始为害。冬天时以成虫越冬。

不使用药剂的防治 >>

　　如果发现被黏合卷成圆筒状的叶片，用手指把其中的幼虫捏死。为了防止成虫产卵，用网把植株罩起来。采收后枯萎植株的残渣等要及时处理干净。

使用药剂的防治 >>

化学合成药剂

　　在虫害发生初期，对整株特别是受害部位喷洒家庭园艺用杀螟松乳剂，应细致地进行喷雾防治。

发生时期　5~7 月

易发生的其他蔬菜　红小豆、蚕豆等豆科蔬菜

菜豆（豆科）

叶片出现白色小斑点，叶片背面有小虫子

为害部位（叶片）

叶片

出现白色的斑点

为害进一步发展，叶片就变黄。

出现模糊的白色斑纹。

原因

叶螨类

害虫

蜘蛛的一类，是吸食植物汁液的害虫

在叶片背面的体长 0.5 毫米左右的微小虫子，体色为黄绿色或暗红色。蜘蛛的一类，是吸食植物汁液的害虫，为害后使叶片形成模糊的白色斑纹。该虫繁殖旺盛，卵经过 10 天左右就可变成成虫，因此在不知不觉中为害就扩展开了。

该虫多发时，有时在为害的地方结成类似蜘蛛编织的网状物。

不使用药剂的防治 >>

在植株基部铺稻草等，夏天时要适时浇水，不能过于干旱。避免密植，保持通风、透光良好。

使用药剂的防治 >>

天然型药剂

在虫害发生初期，以叶片背面为中心喷洒拜尼卡马鲁到喷剂或阿里赛夫。

化学合成药剂

在虫害发生初期，以叶片背面为中心细致地喷洒家庭园艺用马拉硫磷乳剂。

发生时期 5~8 月

易发生的其他蔬菜 番茄、茄子、黄瓜、紫苏等

草莓（蔷薇科）

症状 在植株基部的叶片或根上群生着很多虫子

为害部位（根、叶柄、叶片、花瓣）

植株基部

有很多虫子群生

有沙子堆积

蚂蚁为了保护蚜虫，收集沙子覆盖在植株基部。

原因

草莓根蚜

吸食植物汁液的害虫

寄生在根部的成虫（用〇标记的部分）。

寄生在草莓上的体长 1.5 毫米左右的蚜虫，体色为青绿色或绿色。主要寄生在根部或地表面的叶柄上，有的寄生在新叶或叶片背面、花瓣上，吸食植物汁液，影响植株生长发育。

因为这些蚜虫和蚂蚁共生，所以如果发生，蚂蚁就收集沙子覆盖在植株基部的地表处，保护寄生于植株基部的蚜虫个体。该虫在寒冷地区以卵越冬，在温暖地区以成虫或幼虫越冬。

不使用药剂的防治 >>

一旦发现有虫害发生的迹象时，把植株基部的沙子除去并消灭寄生的蚜虫。氮肥如果一次性施多了，容易促使其发生，所以要注意。

使用药剂的防治 >>

化学合成药剂

在定植前，施用佳导颗粒剂或毛斯皮兰颗粒剂（成分：啶虫脒→P167），和土壤掺混一下。在虫害发生初期，除去植株基部地表面的沙子并对整株喷洒拜尼卡绿 V 喷剂。

发生时期　5~10 月

易发生的其他蔬菜　只是草莓

症状 叶片出现紫褐色斑点，
严重时干枯

为害部位（叶片、叶柄、匍匐茎）

叶片

有紫褐色斑点

病害进一步发展，叶片干枯。

出现病斑的叶片。

原因

轮斑病

由真菌引起的传染性病害

叶片出现紫褐色斑点，进一步发展，叶片变成褐色而干枯。轮斑病是由真菌引起的草莓的主要病害，除冬天之外，从春天到秋天都会发生。

在上一年发病的叶片上越冬的病原菌形成孢子，向周围健全的植株上传播蔓延。尤其是从梅雨季节的后半期到9月，由于高温、降雨而蔓延。在叶柄或匍匐茎上形成紫褐色的病斑，严重时，植株衰弱而影响产量。

茎叶密集、混杂拥挤、通风性变差、植株基部湿度大时，都易发病。

 不使用药剂的防治 >>

把发病的叶片和枯叶迅速处理掉，以消灭传染源。把混杂拥挤的茎叶适当地进行整枝修剪，提高通风、透光能力。

 使用药剂的防治 >>

目前日本没有正式登记的草莓专用药剂。

发生时期 4~11月

易发生的其他蔬菜 只是草莓

症状

在叶片和果实上生有灰色的霉层

为害部位（果实、花瓣、叶片、叶柄）

果实

花蕾

被霉层覆盖

为害进一步发展，有灰色的霉层发生。

受害后被灰色霉层覆盖的果实。

原因

灰霉病

由真菌引起的传染性病害

　　在果实上生有灰色霉层的病害，也叫葡萄孢病。冷凉下雨、阴天持续湿度大时易发生，特别是地表面湿度大的环境发病严重。在受害部位上形成孢子，随风飞散向周围传播蔓延。

　　近期采收的果实易受害是其特点。开始时在果实表面形成浅褐色的小斑点，斑点进一步扩展，形成腐烂果。在花和叶片上也有发生，为害进一步发展、整株干枯的情况也有发生。

　　浇水、施肥不足，日照和通风不好，植株衰弱时可促使其发病。

 不使用药剂的防治>>

　　加强栽培管理，培育健康植株，保持日照和通风良好。用稻草等覆盖地面，使地面不至于太湿。

 使用药剂的防治>>

天然型药剂
在发病初期，喷洒施钾绿。
化学合成药剂
在发病初期，可喷洒克菌丹可湿性粉剂。

发生时期 4~5 月（高湿的时期）

易发生的其他蔬菜 番茄、茄子、甜椒、黄瓜、西葫芦、豌豆、菜豆、秋葵、生菜、洋葱等

63

症状 叶片被咬出孔洞，随着幼虫的成长，受害加重

为害部位（叶片）

叶片

咬成半透明的凹陷

受害的叶片只剩下表皮，呈半透明的飞白状。

原因

甘蓝夜蛾（夜蛾类）

害虫

夜蛾的一种，是有昼伏夜出习性的食害性害虫

正在为害叶片背面的幼虫（图为甘蓝叶片）。

甘蓝夜蛾也叫夜盗虫，是为害蔬菜的主要害虫。1 年发生 2 代，成虫把卵产在叶片背面，孵化的幼虫取食叶肉，使叶片只剩下表皮。虫害发生初期，叶片形成半透明的斑点。幼虫随着成长取食量也增加，体色变成褐色。长大的幼虫体长可达 4 厘米左右，白天隐藏在植株基部的土壤中，夜间出来为害。即使发现植株受害很严重也很难找到虫子，这一点很麻烦。

🚫 **不使用药剂的防治 >>**

一旦发现叶片呈飞白状，背面有群生的幼虫，就将叶片摘掉并消灭。幼虫成长后就分散为害，受害严重但难以找到虫子时，就寻找土壤中或落叶下，找出虫子进行消灭。

 使用药剂的防治 >>

天然型药剂
在虫害发生初期，可喷洒赞塔里水分散粒剂。

化学合成药剂
在虫害发生初期，可喷洒阿法木乳剂（成分：甲氨基阿维菌素苯甲酸盐→ P156）。

发生时期 4~6 月、9~11 月

易发生的其他蔬菜 甘蓝、白菜、萝卜等

秋葵（锦葵科）

症例①

症状
在叶片背面和新芽上群生着小虫子

为害部位（花、花蕾、茎、新芽、叶片）

叶片背面

有小虫子

在叶片背面群生，吸食寄生部位的汁液。

原因

棉蚜

吸食植物汁液的害虫

害虫

寄生在花蕾上的蚜虫。

体长 1 毫米左右的暗绿色的虫子，繁殖旺盛，吸食寄生部位的汁液，影响植株生长发育。最近，很多地区的棉蚜出现了不同程度的抗药性，原先常用的药剂不怎么管用了。棉蚜可传播花叶病毒病，还有的在其排泄物上诱发煤污病，虫子虽小但危害很大。通常成虫无翅，当生存密度大时，会产生有翅的个体，并飞到另外的场所再进行繁殖为害。

不使用药剂的防治 >>
一旦发现棉蚜就立即捕杀。在地面铺设反光膜，以避免成虫飞来。施用氮肥过量会促使蚜虫发生，所以要注意。

使用药剂的防治 >>
天然型药剂
在虫害发生初期，可喷洒拜尼卡马鲁到喷剂。
化学合成药剂
在虫害发生初期，可喷洒拜尼卡拜吉夫路喷剂。

发生时期 5~11月

易发生的其他蔬菜 番茄、茄子、黄瓜、西瓜、南瓜、草莓、茼蒿、马铃薯等

症状 叶片像被缝制了一样卷曲，里面有虫子

为害部位（叶片）

叶片

卷成筒状，里面有虫子

叶片卷成筒状是其受害后主要的特征之一。

原因

棉卷叶螟

蛾的一种，是吐丝把叶片卷成筒状的食害性害虫

害虫

取食为害叶片的幼虫。

为害秋葵和木槿等锦葵科植物的害虫，幼虫吐丝把叶片卷成筒状，钻到里面取食为害。幼虫可成长到体长20毫米以上，取食量也随之增加，尤其是梅雨季节结束以后的高温期，为害更加明显。老熟幼虫在卷曲的叶片中化蛹，羽化后又变成成虫的蛾。成虫在叶片背面产卵，孵化的幼虫又进行为害。1年发生3代，以幼虫进行越冬。

 不使用药剂的防治 >>

检查有无卷曲的叶片，一旦发现幼虫，就将其消灭。因为幼虫活动敏捷，所以要注意快速捕杀。连叶片摘除并进行消灭，会更有效。

使用药剂的防治 >>

目前日本没有正式登记的秋葵专用药剂。

发生时期 7~10 月

易发生的其他蔬菜 只是秋葵

西葫芦（葫芦科）

症状 叶片呈浓淡相间的绿色斑，出现皱缩

为害部位（叶片）

叶片

叶片出现浓淡相间的绿色

叶片出现拼花状的病斑。

叶片皱缩，整株也萎缩。

原因

花叶病毒病

由病毒引起的传染性病害

病害

叶片呈浓淡相间的绿色，出现拼花状的斑驳，严重影响生长发育。花叶病毒病是由病毒引起的病害，受害的植株生长发育受阻，产量减少，外观、品质降低，发生严重时整株萎缩。该病毒是由蚜虫传播的，不过农事操作染病植株后的剪刀或手沾着的植物汁液也可传染。

高温、干旱、雨少的年份蚜虫发生多，病毒病发生也重，一旦发病就很难防治。防治蚜虫是花叶病毒病很重要的防治措施。

 不使用药剂的防治 >>

发病植株要拔除。在定植前在地面铺设反光膜，可以防止蚜虫飞来。

使用药剂的防治 >>

天然型药剂

在蚜虫发生初期，可喷洒拜尼卡马鲁到喷剂。

化学合成药剂

主要是针对防治蚜虫的措施，如喷洒阿地安乳剂。

发生时期 4~10月（尤其是蚜虫发生时期）

易发生的其他蔬菜 小油菜、萝卜、芜菁等十字花科蔬菜，以及菠菜、茼蒿等

辣椒（茄科）

症状 果实被咬出孔洞，周围有褐色的粪便

为害部位（果实、茎、叶片、花蕾）

果实

有圆形的孔洞

受害果实中有很多粪便。

幼虫取食为害，被咬出孔洞的果实。

原因

烟青虫

害虫

夜蛾的一种，是食害性害虫

如果在果实上咬成 5 毫米左右的圆形孔洞，就可推测是由烟青虫为害造成的。1 年发生 3~4 代，是夜蛾的一种，幼虫体色为绿色至茶褐色，呈现多种颜色。幼虫小时为害新芽和花蕾，不久就钻入果实或茎中，从孔洞中排出粪便；长大后体长可达 4 厘米左右，取食量大增。在日本全国各地都有分布，高温、干旱的年份发生多。

成虫在叶片背面或新芽等处产卵，孵化的幼虫又开始为害。

不使用药剂的防治 >>

细致查看花蕾或新芽是否萎蔫，一旦发现幼虫，立即捕杀。摘除受害果实，消灭其中的幼虫。果实内无幼虫时查找一下周围的果实，找到幼虫立即消灭。

使用药剂的防治 >>

天然型药剂

在进入梅雨季节之前，可喷洒赞塔里水分散粒剂。

化学合成药剂

在虫害发生初期，对整株喷洒拜尼卡 S 乳剂。

发生时期 6~10 月（特别是 8~10 月发生多）

易发生的其他蔬菜 番茄、茄子、甜椒等

蚕豆（豆科）

症状 在新芽或花蕾等部位，群生着黑色的虫子

为害部位（新芽、叶片、茎、花蕾）

新芽

群生着黑色的虫子

发生量大时新芽萎缩。

原因

豆蚜

吸食植物汁液的害虫

害虫

在叶片背面群生的样子。

被稀薄的白粉覆盖的黑色虫子，密密麻麻地寄生在新芽或茎上。在菜园中从早春就发生的典型且有代表性的蚜虫，寄生在豆科蔬菜或庭院树、杂草上，吸食植物汁液为害。另外，有的还诱发煤污病、花叶病毒病，是蚕豆非常讨厌的害虫。豆蚜繁殖旺盛，如果放置不管，整棵植株会被虫子覆盖成黑色。冬天雌成虫在芽附近越冬，第2年春天，随着气温的上升，寄生到新芽上，又开始为害。

不使用药剂的防治 >>

一旦发现豆蚜，就立即捕杀。氮肥一次性施得过多，会诱发其发生，所以要注意。

使用药剂的防治 >>

天然型药剂

在虫害发生初期，可喷洒拜尼卡马鲁到喷剂或阿里赛夫。

化学合成药剂

在虫害发生初期，可喷洒家庭园艺用杀螟松乳剂。

发生时期 2~6月

易发生的其他蔬菜 菜豆、豌豆等

花生（豆科）

症状 叶片被缝制成圆筒，里面有虫子

为害部位（叶片、荚果）

潜藏在卷成筒的叶片中，在内部取食。

原因

豆小卷叶蛾

卷叶蛾的一种，是食害性害虫

剥开叶片时，里面有幼虫。

豆小卷叶蛾是卷叶蛾类的食害性害虫。幼虫体长15毫米左右，用丝黏合、缝补新芽或芯的部分成筒状，钻到里面取食为害。受害部分变为茶色枯死。接触荚果时，幼虫钻到其中为害，荚果受害后变为黑色。1年发生3~4代，成虫的蛾在新芽或荚果附近产卵，孵化的幼虫又开始为害。冬天时以成虫越冬，第2年又继续为害。

 不使用药剂的防治 >>

一旦发现卷成筒状的叶片，就用手指捏一下叶片，把其中的幼虫捏死。用网把植株罩住，防止成虫产卵。枯死的植株和采收后的残渣要尽快地处理干净。

 使用药剂的防治 >>

化学合成药剂

在虫害发生初期，对整株尤其是受害的部分喷洒家庭园艺用杀螟松乳剂。

发生时期 5~7月

易发生的其他蔬菜 毛豆、红小豆、蚕豆等豆科蔬菜

第 2 部分

叶菜类·香草类

甘蓝（十字花科）

症例❶

症状 叶片被咬出孔洞，有绿色、带细毛的虫子

叶片

叶片上有孔洞

被取食为害成有孔洞的叶片。

叶片

受害后只剩下叶脉

受害后只剩下叶脉的甘蓝。

叶片背面

有黄色的粒状物

在叶片背面分散产的单粒卵。

叶片表面

有黑色的虫粪

叶片表面有粪，表明附近有幼虫。

菜青虫（菜粉蝶）

蝶的一种，是为害十字花科蔬菜的食害性害虫

害虫

绿色呈圆筒形的菜粉蝶幼虫，是主要寄生在十字花科蔬菜的害虫。

在树干或房屋墙壁等处越冬的蛹第 2 年 3 月时羽化，蝶（成虫）在叶片背面单粒分散地产卵，卵为桶形。长大的幼虫体长 3 厘米左右，取食量很大，如果放任不管，整株会被吃得只剩下叶脉。日本关东地区以南 5~6 月受害严重，到盛夏时减轻，到 9 月时受害又加重。

叶片上的菜青虫。

菜粉蝶的成虫。

> 菜青虫是单粒分散地产卵，而甘蓝夜蛾是在一处产很多的卵，这是二者的不同。

不使用药剂的防治 >>

菜粉蝶只要在田地里飞，就有可能产卵。平时要细致检查叶片的两面，一旦发现卵或幼虫，就立即捕杀。幼苗定植后就用防虫网或珠罗纱罩起来，防止成虫产卵。要注意，防虫网或珠罗纱与地面间不要留缝隙。

使用药剂的防治 >>

天然型药剂

在发生初期，对整株喷洒帕拜尼卡 V 喷剂或赞塔里水分散粒剂。因为刚孵化的幼虫会寄生在叶片背面，所以叶片背面要充分地喷洒到。

化学合成药剂

定植前，先在定植穴中撒施辛硫磷颗粒剂和土的混合物。

发生时期

4~6 月、9~11 月（在寒冷地区的夏天时大量发生）

易发生的其他蔬菜

白菜、小油菜、嫩茎花椰菜、小白菜、花椰菜、芝麻菜、萝卜、芜菁等十字花科蔬菜

症状 叶片受害只剩下半透明状的表皮，呈飞白状

为害部位（叶片）

叶片

叶片呈飞白状

被为害成飞白状的叶片。

叶片背面

有粒状的卵块

产在叶片背面的卵块。

受害后只剩下叶脉

叶片

受害严重的叶片。

叶片表面

有幼虫

在叶片背面取食为害的幼虫。

原因

甘蓝夜蛾（夜蛾类）

夜蛾的一种，是有昼伏夜出习性的食害性害虫

害虫

甘蓝夜蛾也叫夜盗虫，是为害多种蔬菜的主要害虫，1年中有2次发生盛期（4~6月、9~11月）。在叶片背面群生，取食为害叶片，使其只剩下表皮而呈飞白状。

通常害虫偏食，为害的植物是一定的，但是甘蓝夜蛾会为害多种植物，特别喜欢为害以甘蓝为首的十字花科蔬菜。

幼虫进一步成长，体色变成褐色，并逐渐地飞散开为害，所以越往后越难捕捉到害虫。另外，长大的幼虫体长达4厘米左右，取食量大增，如果放任不管，叶片被为害得只剩下叶脉，在家庭菜园中是很多蔬菜非常讨厌的害虫。

叶片上的老龄幼虫。取食量很大，因为是夜间出来活动为害，所以难以发现。

 不使用药剂的防治 >>

只要发现在呈飞白状的叶片背面群生的幼虫或卵块，就立即将叶片摘除并进行消灭。幼虫长大后就分散为害，如果遇到受害严重却难以发现虫子的情况，就查找植株基部的土中或落叶下等处，找到虫子并消灭。幼苗定植后用防虫网或珠罗纱把植株罩起来，并且注意其和地面间不要留缝隙。

甘蓝夜蛾先从叶片背面取食为害，使叶片呈飞白状。

 使用药剂的防治 >>

天然型药剂

待幼虫长大后再防治，效果就会变差，所以在虫害发生初期，可喷洒赞塔里水分散粒剂。

化学合成药剂

可喷洒拜尼卡S乳剂，叶片背面或植株基部也要喷洒到。或者定植前先在穴内撒施辛硫磷颗粒剂。

发生时期

4~6月、9~11月

易发生的其他蔬菜

白菜、嫩茎花椰菜、菠菜、生菜、番茄、茄子、黄瓜、草莓、萝卜、马铃薯等

症状 在叶片背面或新芽上寄生着体长 2 毫米左右的小虫子

为害部位（新芽、叶片）

叶片

有小虫子

有小虫子在叶片上寄生。

原因

蚜虫类

吸食植物汁液的害虫

害虫

为害进一步发展，虫子在叶片上群生。

蚜虫类寄生在叶片背面或新芽上，体长 2 毫米左右，吸食植物的汁液，影响其生长发育，有时诱发煤污病，还可传播花叶病毒病，是甘蓝非常讨厌的害虫。

10 月播种、4 月采收的秋播蔬菜上发生比较少，但是春播、夏播的蔬菜，在生长发育期的春天和秋天正好赶上蚜虫多发时期，所以防治对策不可缺少。蚜虫繁殖旺盛，会在叶片上群生，在暖冬雨少的年份发生多。

 不使用药剂的防治 >>

一旦发现蚜虫，就立即捕杀。在地面铺设反光膜，防止成虫飞来。改善通风、透光条件。

 使用药剂的防治 >>

天然型药剂

在虫害发生初期，可喷洒拜尼卡马鲁到喷剂或帕拜尼卡 V 喷剂。

化学合成药剂

可喷洒拜尼卡水溶剂，或定植前先撒施吡虫啉颗粒剂。

发生时期 4~11 月

易发生的其他蔬菜 嫩茎花椰菜、白菜、黄瓜、番茄、茄子、萝卜、芜菁等

症状　叶片被咬出孔洞，夜间有虫子爬行

为害部位（叶片）

叶片

夜间蛞蝓在爬行

在叶片上爬行取食为害。

原因

蛞蝓类

食害性害虫

害虫

产在土壤中的卵。

　　蛞蝓取食为害叶片，将其咬成不规则的孔洞，在爬过的地方留下光泽的痕迹。蛞蝓喜欢湿度大的环境，白天隐藏在落叶下或盆底等处，夜间出来为害，所以难以找到它们。

　　如田地中发生的茶甲罗蛞蝓，从秋天到春天将白色半透明的卵块产于土壤中，3~4月迎来孵化盛期。冬天以成虫或卵越冬，比较耐寒，不耐热和干旱。

不使用药剂的防治 >>

　　避免过度浇水，不要使土壤湿度太大。蛞蝓栖息地——植株基部的落叶，要清除掉。

使用药剂的防治 >>

化学合成药剂

　　在傍晚时，把诱饵毒纳特（成分：聚乙醛→P162）撒在植株基部的周围。

发生时期　4~6月、9~11月

易发生的其他蔬菜　白菜、西芹、荷兰芹、茄子、草莓、胡萝卜、萝卜等

白菜（十字花科）

症状 叶片被咬出孔洞，有绿色并长有细毛的虫子

为害部位（叶片）

叶片

叶片被咬出孔洞

被为害成有孔洞的叶片。

被吃得只剩下叶脉

叶片

如果放任不管，叶片受害后就会只剩下叶脉，破烂不堪。

叶片背面

有黄色的粒状物

在叶片背面单粒分散产的卵（图为甘蓝）。

菜青虫（菜粉蝶）

蝶的一种，是为害十字花科蔬菜的食害性害虫

害虫

菜青虫是为害白菜和甘蓝等十字花科蔬菜的主要害虫，像其名字一样体色为青绿色，虫体上覆有细毛的菜粉蝶的幼虫。

在树干或房屋的墙壁等处以蛹越冬，第2年3月就羽化。出现的成虫（蝶）虽然不为害作物，但是如果看到菜粉蝶在空中来回飞舞而放任不管，就会在叶片背面产下桶形粒状的卵。幼虫长至体长3厘米左右，因为取食量很大，如果放任不管，则一棵白菜就会被吃得只剩下叶脉。日本关东地区以南5~6月受害严重，盛夏期减少，但是一到9月左右又开始发生，受害又变严重。

叶片上的幼虫。

> 因为喜欢寄生在十字花科蔬菜上为害并繁殖，所以要避免连作。

不使用药剂的防治 >>

如果看到田间有菜粉蝶在空中飞舞，就有可能产卵。平常要注意检查叶片背面，只要发现卵或幼虫，就立即捕杀。幼苗在定植后用防虫网或珠罗纱罩住，可防止成虫产卵，要注意防虫网或珠罗纱与地面间不要留有缝隙。

使用药剂的防治 >>

天然型药剂

在虫害发生初期，可喷洒赞塔里水分散粒剂。因为孵化后的幼虫寄生在叶片背面，所以叶片背面要充分地喷洒到。

化学合成药剂

定植前在定植穴内撒施辛硫磷颗粒剂。在虫害发生初期喷洒拜尼卡S乳剂或甲氨基阿维菌素苯甲酸盐。

发生时期

4~6月、9~11月（在寒冷地区夏天时发生量大）

易发生的其他蔬菜

小油菜、嫩茎花椰菜、小白菜、花椰菜、芝麻菜、萝卜、芜菁等十字花科蔬菜

叶片被咬出孔洞，
上面有黑色的粪便

为害部位（叶片）

叶片

受害严重的叶片。

咬出孔洞

叶片
表面

有黑色的粪便

叶片上有虫粪是发生的标志。

叶片
背面

有卵块

在叶片背面产的卵块（图为甘蓝）。

原因

甘蓝夜蛾（夜蛾类）

夜蛾的一种，是有昼伏夜出习性的食害性害虫

害虫

叶片受害形成孔洞，若发现叶片上有粪便，就可怀疑是甘蓝夜蛾为害造成的。1年有2次发生盛期，在秋冬为害以白菜、甘蓝、芜菁等十字花科蔬菜为主。

在叶片背面产卵，刚孵化的幼虫群生在叶片背面取食为害，只剩下叶片表皮，受害的叶片有的呈飞白状，有的被咬出孔洞。幼虫再长大一点儿就分散为害，体色变成褐色，体长达4厘米左右，取食量大增，如果放任不管，会将叶片为害得只剩下叶脉。

甘蓝夜蛾幼虫有昼伏夜出习性，白天藏在叶片背面或土壤中，即使受害较重也难以找到虫子，是白菜非常讨厌的害虫；在土壤中化蛹进行越冬。

叶片上的幼虫。

在春天和秋天的产卵时期，如果发现叶片背面有卵块就立即摘除并消灭，这样防治会事半功倍。

不使用药剂的防治 >>

一旦在呈飞白状的叶片背面发现群生着的幼虫，就将叶片摘除并消灭。如果发现叶片受害却又找不到虫子，可仔细地查找植株基部的土壤中或叶片背面，找到后进行消灭。

使用药剂的防治 >>

天然型药剂

如果蛾类的幼虫长大了再进行药剂防治，药剂就难以发挥效果，所以在虫害发生初期，可喷洒赞塔里水分散粒剂。孵化后的幼虫因为寄生在叶片背面，所以叶片背面要充分地喷洒到。

化学合成药剂

定植前先在定植穴内撒施辛硫磷颗粒剂。在虫害发生初期喷洒拜尼卡S乳剂或甲氨基阿维菌素苯甲酸盐。

发生时期

8~12月

易发生的其他蔬菜

甘蓝、嫩茎花椰菜、花椰菜、菠菜、生菜、葱、鸭儿芹、薄荷、番茄、茄子、黄瓜、豌豆、草莓、马铃薯、甘薯、萝卜、胡萝卜、生姜等

症状 在叶片背面或新芽上有体长2毫米左右的小虫子

为害部位（叶片）

 叶片

叶片上有小虫子

很多虫子寄生在结球部。

原因

蚜虫类

吸食植物汁液的害虫

在叶片背面有很多蚜虫群生。

寄生在白菜的叶片背面或新芽上，体长2毫米左右。除蔬菜外，还广泛地寄生在花卉和杂草上，吸食植物的汁液，影响其生长发育。另外，还可诱发煤污病，传播花叶病毒病。蚜虫繁殖旺盛，并且群生，当生存密度大时，就会出现有翅的个体，向周围扩散为害。夏天时生存密度减小，到了秋天生存密度又增加，为害也加重。暖冬少雨的年份发生量大。

不使用药剂的防治 >>

一旦发现蚜虫，就立即捕杀。用珠罗纱把植株罩住，防止成虫飞来。改善通风、透光条件，彻底清除周围的杂草。

使用药剂的防治 >>

天然型药剂

在虫害发生初期，可喷洒拜尼卡马鲁到喷剂。

化学合成药剂

在虫害发生初期，可喷洒拜尼卡水溶剂。或者定植前先在定植穴内撒施吡虫啉颗粒剂。

发生时期 4~11月

易发生的其他蔬菜 嫩茎花椰菜、甘蓝、小油菜、番茄、茄子、黄瓜、萝卜等

症状　在叶片表面形成浅黄色、叶片背面形成乳白色的斑点

为害部位（叶片）

叶片

叶片背面

叶片出现斑点

叶片背面出现乳白色的斑点。

叶片表面出现浅黄色的斑点。

原因

白锈病

由真菌引起的传染性病害

在叶片表面出现浅黄色模糊的斑点，叶片背面出现乳白色稍微隆起的斑点，是白菜的主要病害。叶片背面的斑点以后破裂，飞散出白色粉状的孢子并向周围扩散蔓延。发病严重时，整个叶片被病斑覆盖，变成黄色干枯状。阴雨天持续湿度大、通风不好时易发生。

病原菌在干枯的落叶中生存，繁殖后再向周围植株传播蔓延。

在发病初期，叶片表面的病斑模糊，但是叶片背面的斑点容易确认。

 不使用药剂的防治 >>

把发病的叶片或落叶及早地摘除，消除传染源，使之不再传染到另外的植株上。要合理密植，改善通风、透光条件。每年发病的地块要避免十字花科蔬菜连作。

 使用药剂的防治 >>

化学合成药剂

如果任由病害发展，药剂的防治效果就会变差，所以要在发病初期喷洒百菌清，整株都要均匀地喷洒到。

发生时期　3~6 月、10~11 月

易发生的其他蔬菜　小白菜、青菜、芜菁、萝卜等十字花科蔬菜

生菜（菊科）

症例①

叶片

有小虫子

在叶片上寄生的虫子。

原因

吸食植物汁液的害虫

台湾长管蚜

　　寄生在生菜等菊科蔬菜的新芽、叶片、茎上，体长 3~3.5 毫米，呈暗红褐色有光泽的小虫子，吸食植物的汁液，影响其生长发育。另外，附着在叶片上的排泄物可诱发煤污病，蚜虫还可传播病毒病。

　　特别是在气温下降的 10 月以后，发生量增加。

　　该虫繁殖旺盛，群生在叶片上，当生存密度大时会出现有翅的个体，向周围移动扩散为害。暖冬少雨的年份发生重。因为它不喜欢一闪一闪的光线，所以可在地面铺设反光膜，以减少成虫飞来的数量。

不使用药剂的防治 >>

　　一旦发现蚜虫，就立即捕杀。用珠罗纱罩住植株，以防止成虫飞来。施肥时要注意氮肥不要施得过多，并改善通风、透光条件。

使用药剂的防治 >>

天然型药剂

　　在虫害发生初期，可喷洒拜尼卡马鲁到喷剂。

化学合成药剂

　　可喷洒拜尼卡水溶剂或在定植前撒施毛斯皮兰颗粒剂。

发生时期 4~11 月

易发生的其他蔬菜 茼蒿、款冬、洋蓟、牛蒡、雪莲果等菊科蔬菜

症状

叶片受害，上面有茶色的粪便

为害部位（叶片）

叶片

严重受害的状态

受害后变得破烂不堪的生菜叶片。

原因

甘蓝夜蛾（夜蛾类）

蛾的一种，是有昼伏夜出习性的食害性害虫

为害叶片的幼虫，其周围有茶色的粪便。

甘蓝夜蛾也叫夜盗虫，是生菜的主要害虫，严重时把叶片咬得破烂不堪。1年有2次发生盛期，把卵产在叶片背面。幼虫最初聚在一起为害，长大后变成褐色，然后分散为害。长大的虫子体长可达4厘米左右，取食量大增，如果放任不管，会将叶片为害得只剩下叶脉。成长中的幼虫，白天隐藏在植株基部的土壤中，夜间出来活动，所以不容易被发现，非常讨厌。该虫以蛹在土壤中越冬。

不使用药剂的防治>>

一旦发现幼虫，就立即捕杀。成长的幼虫会分散为害，即使发现植株受害却难以找到虫子时，可在植株基部的土壤中或落叶下查找，找到后消灭。

使用药剂的防治>>

天然型药剂
可对整株喷洒赞塔里水分散粒剂。
化学合成药剂
在虫害发生初期，可喷洒拜尼卡S乳剂或者甲氨基阿维菌素苯甲酸盐。

发生时期 4~6月、9~11月
易发生的其他蔬菜 白菜、甘蓝、嫩茎花椰菜、菠菜、番茄、茄子、草莓等

症状

叶片出现浓淡相间的绿色斑驳，凹凸不平、皱缩

为害部位（叶片）

叶片

皱缩

叶片出现浓淡相间的绿色斑驳。

叶片皱缩、生长发育不良的植株。

原因

花叶病毒病

由病毒引起的传染性病害

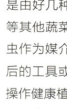

　　叶片变为黄色，并出现浓淡相间的绿色斑驳，叶片凹凸不平、皱缩，是由好几种病毒引起的，也可从萝卜等其他蔬菜传染过来。该病毒是由蚜虫作为媒介传播的，操作了染病植株后的工具或沾到手上的植物汁液，再操作健康植株时也会传染。

　　高温、干旱、雨少，蚜虫发生多的年份易发生病毒病。发病严重时，影响植株的正常生长发育，甚至导致植株枯死。

　　因为发病后就很难治疗，所以想办法不使植株染病是最重要的。

不使用药剂的防治 >>

　　用珠罗纱或防虫网罩住植株，防止蚜虫成虫飞来。发病的植株要拔除。

使用药剂的防治 >>

天然型药剂
　　喷洒拜尼卡马鲁到喷剂来防治蚜虫。

化学合成药剂
　　喷洒家庭园艺用杀螟松乳剂来防治蚜虫。

发生时期　4~10月

易发生的其他蔬菜　小油菜、萝卜、芜菁等

症状 苗的茎从地表处缢缩变细而倒伏

为害部位（叶片、茎、根）

茎

从地表面处倒伏

地表面的茎被侵染而倒伏的苗。

原因

立枯病

由真菌引起的传染性病害

病害

是由土壤中的病原菌引起的病害，尤其是春播的菠菜易发生。刚发芽的苗、长出2~3片真叶以前的幼苗、栽植后不久处于生长发育初期的苗的茎，从地表处缢缩变细而倒伏。进一步发展，根像被水浸了一样变为褐色，侵染到地表处。雨多、排水不良的地块易发病，浇地后易存水的地块可促使其发生。

病原菌随着受害的茎、根在土壤中成为传染源，又使其他多种蔬菜发病。

不使用药剂的防治 >>

进行土壤改良，改善排水条件，采用起垄栽培。避免连作的同时，也要避免接连种植易发病的其他蔬菜。

使用药剂的防治 >>

化学合成药剂

在播种前，将土菌消粉剂（成分：3-羟基-5-甲基异噁唑→P161）撒在土壤表面，每平方米均匀撒施40克，和土壤掺混后再进行播种。

发生时期 3~11月

易发生的其他蔬菜 葱、南瓜、黄瓜、甜瓜、西瓜、番茄、茄子、甜椒等

茼蒿（菊科）

新芽

有小虫子

寄生在新芽上吸食植物汁液的成虫。

原因

蚜虫类

吸食植物汁液的害虫

害虫

具有独特香味和风味的茼蒿，作为菊科有代表性的叶菜类被大家熟知，栽培适宜期为春天（4~6 月）、秋天（9~11 月），这两个时期也是蚜虫类容易发生的时期。

寄生于叶片、新芽、茎的体长 2 毫米左右的小虫子，吸食植物汁液，影响其生长发育。另外，蚜虫是传播花叶病毒病的媒介，附着在叶片上的排泄物还可诱发煤污病，是茼蒿非常讨厌的害虫。蚜虫繁殖旺盛，当生存密度大时，产生有翅的个体，向周围移动扩散为害。暖冬少雨的年份发生重。

 不使用药剂的防治 >>

一旦发现蚜虫，就将其消灭。利用蚜虫不喜欢闪闪发光的习性，可在地面铺设反光膜，用防虫网或珠罗纱罩住植株，防止成虫飞来。注意合理施肥，避免偏施氮肥，改善通风、透光环境，清除周围的杂草。

 使用药剂的防治 >>

天然型药剂

在虫害发生初期，可喷洒拜尼卡马鲁到喷剂或阿里赛夫。

发生时期 4~11 月

易发生的其他蔬菜 白菜、小白菜、小油菜、嫩茎花椰菜、番茄、茄子、黄瓜、萝卜、芜菁等

症状

叶片背面群生着的小虫子

为害部位（叶片）

叶片背面

有小虫子

在叶片背面群生的样子。

原因

蚜虫类

吸食植物汁液的害虫

小白菜耐热性和耐病性强，另外，还因为其对土质没有选择，都能栽培，所以在家庭菜园中是很常见的蔬菜。

只是，要注意蚜虫的为害。蚜虫是寄生于叶片背面的 2 毫米左右的小虫子，吸食植物汁液，影响其生长发育。另外，蚜虫是传播花叶病毒病的媒介，附着在叶片上的排泄物还可诱发煤污病，是小白菜非常讨厌的害虫。蚜虫繁殖旺盛，在叶片上群生，当生存密度大的时候，就会出现有翅的个体，向周围移动扩散为害。夏天生存密度减小。暖冬少雨的年份发生重。

 不使用药剂的防治 >>

一旦发现蚜虫，就将其消灭。利用蚜虫不喜欢闪闪发光的习性，可在地面铺设反光膜，用防虫网或珠罗纱罩住植株，防止成虫飞来。注意合理施肥，避免偏施氮肥，改善通风、透光环境，清除周围的杂草。

 使用药剂的防治 >>

天然型药剂
在虫害发生初期，可喷洒拜尼卡马鲁到喷剂。

化学合成药剂
在虫害发生初期，可喷洒拜尼卡拜吉夫路喷剂。

发生时期 4~11 月

易发生的其他蔬菜 白菜、小油菜、甘蓝、番茄、茄子、黄瓜、萝卜等

叶片

有绿色的虫子

叶片上的幼虫，体色为绿色并长有细毛。

原因

菜青虫（菜粉蝶）

蝶的一种，是为害十字花科蔬菜的食害性害虫

害虫

因为身体有保护色，在绿色的叶片上容易被忽视。

在小白菜等十字花科蔬菜上寄生着菜粉蝶的幼虫，即菜青虫。身体为青绿色并长有细毛，取食为害叶片将其咬出孔洞。幼虫长大后体长可达 3 厘米左右，取食量大增，如果放任不管，整株会被吃得只剩下叶脉。日本关东地区以南 5~6 月时发生严重，9 月时也较严重。该虫在树干、房屋的墙壁等处以蛹越冬，第 2 年 3 月时羽化为成虫，再产卵孵化为幼虫，又进行为害。

 不使用药剂的防治 >>

仔细查找叶片的两面，发现卵或幼虫立即捕杀。用防虫网或珠罗纱罩住植株，防止成虫飞来产卵。

 使用药剂的防治 >>

天然型药剂

在发生初期，可喷洒赞塔里水分散粒剂，叶片背面也要喷洒到。

化学合成药剂

定植前，在定植穴内撒施毛斯皮兰颗粒剂。

发生时期 4~6 月、9~11 月（寒冷地区夏天时发生重）

易发生的其他蔬菜 甘蓝、白菜、小油菜、嫩茎花椰菜、花椰菜、芝麻菜、芜菁等

小油菜（十字花科）

症例 ❶

症状
叶片被咬出孔洞，有绿色带细毛的虫子

为害部位（叶片）

叶片

叶片被咬出孔洞

受害的叶片。叶片两面被咬透后就形成孔洞。

原因

菜青虫（菜粉蝶）

蝶的一种，是为害十字花科蔬菜的食害性害虫

害虫

叶片上的幼虫。

体色呈绿色、长有细毛的虫子，是菜粉蝶的幼虫，寄生并为害十字花科蔬菜、花卉等。在树干、房屋的墙壁等处以蛹越冬，第 2 年 3 月时羽化为成虫，成虫（蝶）在叶片背面分散单粒产卵，卵呈桶形，孵化后的幼虫取食为害叶片。幼虫长大后体长可达 3 厘米左右，取食量大增。日本关东地区以南 5~6 月受害严重，盛夏时减轻，从 9 月又开始变得严重。

不使用药剂的防治 >>

仔细查找叶片的两面，发现卵或幼虫，立即捕杀。用防虫网或珠罗纱罩住植株，防止成虫飞来产卵。

使用药剂的防治 >>

天然型药剂

在虫害发生初期，可喷洒帕拜尼卡 V 喷剂或赞塔里水分散粒剂。

化学合成药剂

在虫害发生初期，可喷洒卡斯开特乳剂。

发生时期 4~6 月、9~11 月（寒冷地区夏天时发生重）

易发生的其他蔬菜 甘蓝、白菜、小油菜、嫩茎花椰菜、花椰菜、芝麻菜、芜菁等

症状 叶片被咬出孔洞，上面有黑色的虫子

为害部位（叶片）

叶片

叶片有孔洞

被咬食后形成孔洞的叶片。

原因

芜菁叶蜂

害虫

蜂的一种，是为害十字花科蔬菜的食害性害虫

左：正在取食的幼虫。
右：成虫。

1年发生2代的蜂类幼虫，主要为害十字花科蔬菜和花卉，取食叶片。幼虫为黑色，表面有皱纹，长大后体长可达1.5~2厘米，取食量也增加。在通风差的地块，生长势弱的植株易受害。在土壤中做茧，以老熟幼虫越冬，第2年春天，经过蛹羽化为成虫，又在叶片上产卵，5月左右就会出现幼虫。

 不使用药剂的防治>>

改善通风环境，培育健壮植株。平时就要仔细检查，只要发现叶片上有幼虫，就立即消灭。因为是食害性害虫，发现的越早，越能把危害程度降到最低。

使用药剂的防治>>

目前日本没有正式登记的小油菜专用药剂。

发生时期 5~6月、10~11月

易发生的其他蔬菜 水芹、萝卜、芜菁等

症状 叶片被咬出许多孔洞，有小的甲虫

为害部位（成虫：叶片；幼虫：根）

叶片

叶片被咬出小的孔洞

受害后形成很多小斑点的叶片。

原因

黄曲条跳甲

甲虫的一种，是为害十字花科蔬菜的食害性害虫

寄生在叶片上的成虫。

寄生在十字花科蔬菜或杂草上取食为害叶片的甲虫类害虫，体色为黑色，背上有黄色带状的斑纹，体长 3 毫米左右。1 年发生 3~5 代。小油菜播种后待真叶开始长出时，该虫从周围飞来，取食叶片背面，形成很多的小斑点。以后斑点随着叶片的长大而扩大，形成大小不规则的孔洞。在同一地块连作十字花科蔬菜或者夏天高温少雨时易发生。

不使用药剂的防治 >>

避免与十字花科蔬菜连作，把其生存场所周围的杂草清除干净。播种后用无纺布或珠罗纱罩住，与地面间不要留有缝隙，以防止成虫飞来。

使用药剂的防治 >>

化学合成药剂

在虫害发生初期，可喷洒星来颗粒水溶剂（成分：呋虫胺→P160）。

发生时期　4~10 月

易发生的其他蔬菜　小白菜、白菜、娃娃菜、芝麻菜、芜菁、萝卜等十字花科蔬菜

症状　叶片表面有模糊的斑点，叶片背面有隆起的斑点

为害部位（叶片）

叶片表面

有模糊的斑点

叶片表面有浅黄色斑点的样子。

叶片背面有乳白色斑点的样子。

叶片背面

有隆起的斑点

原因

白锈病

由真菌引起的传染性病害

　　该病是由真菌引起的小油菜的主要病害，主要为害十字花科蔬菜。发病时，在叶片表面形成浅黄色模糊的斑点，叶片背面形成乳白色稍隆起的斑点。病害进一步发展，叶片背面的斑点破裂，白色粉状的孢子向周围扩散蔓延。严重发生时，整个叶片被斑点覆盖，变成黄色而枯死。

　　春天连续降雨、湿度大的环境条件，栽植过密，通风、透光差，则易发病。叶片背面的白色斑点在发病初期时容易辨认。

 不使用药剂的防治 >>

　　清除病叶和落叶，消除传染源，使之不要传染到健康的植株上。合理密植，改善通风、透光条件。在每年发生的地块，避免十字花科蔬菜连续种植，应进行轮作。

 使用药剂的防治 >>

化学合成药剂

　　在发病初期，对整株细致地喷洒科佳（成分：氰霜唑→P168）。

发生时期　3~6月、10~11月

易发生的其他蔬菜　白菜、小白菜、青菜、萝卜、芜菁等十字花科蔬菜

紫苏（唇形科）

症状 叶片被虫吐的丝黏合，受害部分变成茶褐色

为害部位（叶片、茎）

叶片

叶片被丝黏合

被害虫用丝黏合取食为害的叶片。

原因

紫苏野螟

蛾的一种，是食害性害虫

害虫

叶片上的幼虫。

如果看到叶片和茎被虫吐的丝黏合，受害部分变成茶褐色时，就可确认是紫苏野螟为害导致的。该虫是螟蛾科的食害性害虫，在 5~10 月虫害发生严重。1 年发生 3 代，在唇形科蔬菜或香草的叶片、茎上用丝黏合做巢，打开里面会发现有体侧面呈红褐色的带状线、体色为黄绿色、体长 15 毫米左右的虫子。幼虫把枯叶和茎黏合起来在其中越冬，第 2 年春天变成蛹，1 代能为害到 6 月下旬。

不使用药剂的防治 >>

平时仔细观察有无被黏合并受害的叶片，一旦发现幼虫，立即摘下并消灭。在虫害发生初期，要认真观察，一旦发现叶片变成茶褐色，就不要放过，这是很重要的。为害进一步发展，幼虫会用丝把叶片黏合起来。

使用药剂的防治 >>

目前日本没有正式登记的紫苏专用药剂。

发生时期　5~10 月

易发生的其他蔬菜　白苏、款冬、薄荷、茄子等

叶片被咬食，
上面有绿色的蚱蜢

为害部位（叶片）

叶片

叶片被咬出孔洞

被为害成很多孔洞的叶片。

原因

负蝗

害虫

为害多种植物的食害性害虫

取食为害叶片的成虫。

为害叶片，将其咬出圆形的孔洞。1 年发生 1 代，可为害蔬菜、花卉等多种植物。雌成虫上一年秋天产在土壤中的卵，越冬后到第 2 年的 6 月孵化，体长 1 厘米左右的幼虫群生为害叶片。初期的幼虫取食为害叶片的程度稍轻一点儿，但是随着成长，取食量大增。待长至体长 5 厘米左右的成虫时，危害程度大大增加，发生量大时植株的叶片全被吃光。

不使用药剂的防治 >>

因为体色为绿色，容易被忽视，所以要观察叶片上的孔洞或周边的植物，如果发现有成虫或幼虫，就立即捕杀。清除杂草，消除其栖息场所。

使用药剂的防治 >>

目前日本没有正式登记的紫苏专用药剂。

发生时期　6~10 月

易发生的其他蔬菜　小白菜、嫩茎花椰菜、菠菜、罗勒、白菜、薄荷、甘蓝、芝麻菜、菜豆、秋葵等

紫苏

症状 叶片呈飞白状，背面有小虫子

为害部位（叶片）

叶片

叶片发白了

受害后呈飞白状的叶片。

原因

神泽氏叶螨

螨的一种，是吸食植物汁液的害虫

左：叶片背面寄生的成虫（圆圈内的）。
右：显微镜下的成虫。

为害初期，在叶片上形成白色的小斑点，进一步发展时，整个叶片变成飞白状。在叶片背面有体长 0.5 毫米左右暗红色的小虫子寄生，吸食植物汁液，影响其生长发育。该虫是螨类的害虫，喜欢高温、干旱，尤其是梅雨季节结束以后，一直到秋天采收结束为害都很重。该虫繁殖旺盛，发生量大时结成类似蜘蛛编织的网状物，群生在叶片上。

除蔬菜外，还广泛寄生于以花卉、果树及庭院树木等植物上。

不使用药剂的防治 >>

因为神泽氏叶螨不喜欢湿度大，所以在叶片背面喷水可减轻其为害。进行适度浇水，以防干旱。

使用药剂的防治 >>

天然型药剂
在虫害发生初期，以叶片背面为中心喷洒拜尼卡马鲁到喷剂，每隔 5~7 天喷洒 1 次。

化学合成药剂
可喷洒灭螨猛可湿性粉剂或螨太郎。

发生时期 5~10 月

易发生的其他蔬菜 菠菜、玉米、菜豆、草莓、豌豆、秋葵、西瓜、番茄、茄子、甜椒等

罗勒（唇形科）

症状 叶片被幼虫吐的丝黏合，受害部分变成茶褐色

为害部位（新芽、叶片、茎）

叶片和茎

叶片和茎被幼虫吐的丝黏合

用丝黏合的叶片被咬食的样子。

原因

紫苏野螟

害虫

蛾的一种，是食害性害虫

叶片上的幼虫。

　　该虫是属于螟蛾科蛾类的食害性害虫，1年发生3代，在唇形科蔬菜的叶片、茎上吐丝黏合做巢。叶片和茎经幼虫吐的丝黏合后被取食，受害部位变成茶褐色。打开巢后，里面有虫子，体侧面有红绿色的带状线，体色呈黄绿色，体长15毫米左右。在受害的叶片附近，有黑色的粪便。

　　8~9月发生严重，如果放任不管，为害可遍及全体植株。

不使用药剂的防治 >>

　　为害多从新芽开始，平时就要认真观察有无被黏合或被取食的叶片，一旦发现幼虫，就连巢加虫一块消灭。因为该虫行动迅速，所以不要使之逃掉。

使用药剂的防治 >>

　　目前日本没有正式登记的罗勒专用药剂。

发生时期 5~10月

易发生的其他蔬菜 白苏、紫苏、薄荷、茄子等

荷兰芹（伞形科）

叶片被咬食，上面有黑褐色和条纹花样的虫子

为害部位（叶片）

叶片

叶片被吃光

放任不管时，叶片被吃净的状态。

原因

金凤蝶

蝶的一种，是食害性害虫

害虫

成熟的幼虫虫体上有黑色和黄绿条纹花样。

荷兰芹是伞形科具有特殊香味的蔬菜，栽植后的管理虽然不怎么费功夫，但是要注意金凤蝶的为害。

该虫若龄时虫体为黑褐色带有橙色的斑点和白色的条带，长大后呈黑色和黄绿条纹花样，体长5厘米左右，危害严重。不久就从寄主植物上离开化蛹，之后羽化为成虫（金凤蝶），单粒产卵，孵化的幼虫又开始为害。

不使用药剂的防治 >>

一旦发现幼虫，就立即捕杀。因为长大的幼虫取食量大，所以在其达暴食之前及早处理。

使用药剂的防治 >>

天然型药剂

在虫害发生初期，对整株喷洒赞塔里水分散粒剂。因为蝶或蛾的幼虫若长大了，药剂的防治效果就变差了，所以在虫小的时候及早喷洒效果才好。

发生时期 4~10月

易发生的其他蔬菜 西芹、鸭儿芹、水芹、明日叶、胡萝卜等伞形科蔬菜

鸭儿芹（伞形科）

叶片

幼虫正在取食

叶片被吃光，有黑色和黄绿条纹的成熟幼虫。

原因

金凤蝶

害虫

蝶的一种，是食害性害虫

叶片上的若龄幼虫。

伞形科蔬菜的鸭儿芹，也应注意金凤蝶幼虫的为害。

在叶片上可见到黑褐色中有橙色斑点和白色条带的幼虫，再长大后变成黑色和黄绿条纹花样，体长可达5厘米，取食量很大。虫害发生严重时，叶片被吃光，植株衰弱。羽化的成虫（金凤蝶）在叶片上单粒产卵，孵化的幼虫又开始为害。该虫在冬天以蛹越冬。

 不使用药剂的防治 >>

一旦发现幼虫，就立即捕杀。因为长大的幼虫取食量大，所以在幼龄时就及早采取措施。在附近有其寄生植物如胡萝卜、西芹、荷兰芹时，也要注意检查，发现就立即捕杀，以减少该虫的生存密度。

 使用药剂的防治 >>

目前日本没有正式登记的鸭儿芹专用药剂。

发生时期 4~10月

易发生的其他蔬菜 西芹、荷兰芹、水芹、明日叶、胡萝卜等伞形科蔬菜

葱（葱亚科）

症例 ①

叶片表面有橙黄色的小斑点

为害部位（叶片）

叶片

有隆起的斑点

有橙黄色斑点出现的叶片。

原因

锈 病

由真菌引起的传染性病害

病害

小斑点破裂，粉状的孢子飞散时的样子。

锈病是葱上的主要病害，从春天到秋天都可发生。发病时在叶片表面生有橙黄色、细长、稍微隆起的椭圆形小斑点，之后小斑点破裂，橙黄色的粉状孢子向周围扩散，发生量多时，叶片全部被病斑覆盖，植株衰弱而枯死。

春天和秋天，温度较低，连续阴雨，肥料不足，生长发育差的植株易发病。在晚秋时病原菌形成黑褐色的斑点越冬，第2年春天孢子又开始飞散成为传染源。

不使用药剂的防治 >>

把发病明显的叶片及早摘除。因为不健壮的植株容易发病，所以要适时进行追肥，培育健壮植株。

使用药剂的防治 >>

天然型药剂
在发病初期，可喷洒施钾绿。
化学合成药剂
在发病初期，可对整株喷洒樟油乳剂或百菌清。

发生时期　4~5月、9~11月
易发生的其他蔬菜　洋葱、韭菜、大蒜、薤等

叶片的生长发育变差，上面有黑色的小虫子

为害部位（叶片）

叶片

有黑色的小虫子

在叶片上群生的样子。

原因

黑色、有光泽是该虫的特征。

葱蚜

吸食植物汁液的害虫

害虫

如果在叶片上有体长2毫米左右黑色有光泽的虫子，这就是葱蚜，可寄生大葱、洋葱、韭菜等，吸食植物的汁液，影响其生长发育。

发生量大时，植株全部被蚜虫所覆盖。另外，和别的蚜虫一样，附着在叶片上的排泄物可诱发煤污病，还是葱萎缩病病毒的传播媒介，是葱很讨厌的害虫。

暖冬少雨、高温的年份发生严重。

不使用药剂的防治 >>

一旦发现蚜虫，就捏死。在地面铺设反光膜，可以避免成虫飞来。施肥时，要注意氮肥一次不要施得过多。

使用药剂的防治 >>

天然型药剂

在虫害发生初期，可喷洒拜尼卡马鲁到喷剂或阿里赛夫。

化学合成药剂

在虫害发生初期，可喷洒家庭园艺用杀螟松乳剂或家庭园艺用马拉硫磷乳剂。

发生时期　4~11月

易发生的其他蔬菜　洋葱、韭菜等

症状 叶片出现像受了损伤一样的白色斑点，逐渐扩展后叶片呈飞白状

为害部位（叶片）

叶片

叶片变成飞白状

受害后变成飞白状的叶片。

白色斑点连成细长条状的样子。

原因

葱蓟马

吸食植物汁液的害虫

害虫

叶片形成像受了损伤一样的白色小斑点，为害进一步扩展时，整个叶片变成飞白状。葱蓟马是葱上的主要害虫，其成虫和幼虫都吸食植物的汁液，被吸食汁液的部分因褪色失绿而变得发白。

成虫体长 1.3 毫米，非常微小，体色呈浅黄色至浅褐色，用肉眼难以看见。葱叶变白一般是由葱蓟马为害造成的。

高温、干旱、少雨时易发生，发生量大时影响植株生长发育，严重时可造成植株枯死。

 不使用药剂的防治 >>

要注意适量适时浇水，夏天干旱时要进行叶面喷水。把周边的杂草、落叶、残渣清除干净。因为葱蓟马不喜欢一闪一闪的光线，所以可在地面铺设反光膜，防止成虫飞来。

 使用药剂的防治 >>

化学合成药剂

在虫害发生初期，对整株喷洒拜尼卡拜吉夫路喷剂或拜尼卡水溶剂。

发生时期 5~11 月

易发生的其他蔬菜 洋葱、大蒜、薤、韭菜、芦笋、茄子、豌豆、番茄、黄瓜、西瓜、甜瓜、毛豆、菜豆、芋头等

在叶片上形成浅茶色的条纹和白色的斑点

为害部位（叶片）

叶片

有浅茶色的条纹

在叶片上形成浅茶色条纹，有的出现孔洞。

原因

西伯利亚葱谷蛾

蛾的一种，是为害葱亚科的食害性害虫

害虫

幼虫体色为黄绿色，虫体上有纵排的浅红褐色线条。

蛾类的幼虫，潜入叶片中取食叶肉，只留下表皮，在受害部位有白色小斑点或条状的痕迹，有时还咬出孔洞。雨少、高温、干旱时易发生，发生量大时，叶片全部变白甚至枯死。成熟的幼虫体长1厘米左右，爬出叶片外做成网状的茧，变成蛹后再羽化为体长4毫米左右灰黑色的小蛾，然后进行产卵，又变成幼虫继续为害。

不使用药剂的防治 >>

把受害叶片从植株基部摘除。一旦发现幼虫或蛹，就立即消灭。

使用药剂的防治 >>

化学合成药剂

在虫害发生初期，可对整株喷洒拜尼卡 S 乳剂或家庭园艺用杀螟松乳剂。

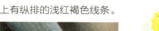

发生时期　5~11 月

易发生的其他蔬菜　冬葱、洋葱、大蒜、胡葱、薤、韭菜等

西芹（伞形科）

症例 ❶

症状 植株基部腐烂，变软，有臭味

为害部位（茎、叶片）

植株基部

腐烂有臭味

把植株向上拔，易从植株基部拔断。腐烂部分有臭味。

原因

软腐病

由细菌引起的传染性病害

腐烂变成黏乎乎后来又干枯的叶片。

植株基部像被热水浸过一样，呈半透明、浅黄色腐烂状，变软并发臭。该病是由细菌引起的西芹的主要病害，直到茎的上半部分也萎蔫，为害进一步发展，叶柄也腐烂变得黏糊糊，最终植株全体枯死。从夏天到秋天下雨多时易发生，特别是台风过后更易发病。病原菌存在于土壤中，排水不良、易积水的地块发生多；肥料施得过多时，也易促使其发病。

不使用药剂的防治 >>

易发生的蔬菜不要连作，可与豆科或禾本科的作物轮作。高垄栽培，保证排水畅通，定植时不要损伤幼苗。受害株要及时清除掉。

使用药剂的防治 >>

天然型药剂

一旦发病，就很难防治。下大雨或台风过后，对整株喷洒靠洒得波尔多（成分：氢氧化铜→ P153）进行预防。

发生时期 8~11 月

易发生的其他蔬菜 甘蓝、白菜、嫩茎花椰菜、生菜、洋葱、芜菁、萝卜等

症状

症状

叶片被咬食，上面有黑褐色和条纹模样的虫子

为害部位（叶片）

叶片

叶片上有幼虫

叶片上的低龄幼虫，体色为黑褐色，有橙色的斑点。

原因

金凤蝶

蝶的一种，是食害性害虫

害虫

成熟的有黑色和黄绿条纹模样的幼虫（图中为鸭儿芹叶片）。

若叶片上有带有橙色斑点和白斑点的黑褐色条纹的幼虫，那就是金凤蝶的幼虫。该虫是寄生伞形科蔬菜的食害性害虫，取食叶片。长大后的虫体带有黑色和黄绿条纹，体长5厘米左右，食量大。受害植株长势衰弱。

成熟的幼虫从寄主植物离开后变成蛹，以后变成鲜艳漂亮的成虫（金凤蝶），成虫在叶片上单粒分散产卵，孵化为幼虫后又继续为害。

不使用药剂的防治 >>

一旦发现幼虫，就立即捕杀。特别是长大的幼虫取食量大，要在低龄幼虫时就及早发现并采取防治措施。

使用药剂的防治 >>

目前日本没有正式登记的西芹专用药剂。

发生时期　4~10月

易发生的其他蔬菜　荷兰芹、鸭儿芹、西芹、明日叶、胡萝卜等伞形科蔬菜

嫩茎花椰菜（十字花科）症例❶

叶片被咬出孔洞，上面有绿色、细毛的虫子

为害部位（叶片）

叶片

叶片被咬出孔洞

被为害成有孔洞的叶片。

原因

菜青虫（菜粉蝶）

害虫

蝶的一种，是为害十字花科蔬菜的食害性害虫

叶片上的幼虫。黑色粪便是有害虫的标志。

菜粉蝶的幼虫，绿色、有细毛，主要寄生在十字花科蔬菜、花卉上，取食叶片并咬出孔洞。在树干、房屋的墙壁等处以蛹越冬，3 月时羽化为成虫（蝶），成虫在叶片背面分散单粒产卵，卵呈桶形，孵化后的幼虫在春天就取食为害叶片。

在日本关东地区以南的 5~6 月发生特别严重。盛夏期虽然减少，但到秋天（9 月）发生又严重了。

不使用药剂的防治 >>

细致观察叶片的两面，一旦发现幼虫，就立即捕杀。定植后用防虫网或珠罗纱罩住植株，防止成虫产卵。

使用药剂的防治 >>

天然型药剂

在虫害发生初期，可喷洒赞塔里水分散粒剂，叶片正反两面都要喷到。

化学合成药剂

在虫害发生初期，可喷洒拜尼卡水溶剂，叶片正反两面都要喷到。

发生时期 4~6 月、9~11 月（在寒冷地区的夏天发生量大）

易发生的其他蔬菜 小油菜、小白菜、芝麻菜、萝卜、芜菁等

症状　叶片背面或新芽上有暗绿色的小虫子

为害部位（新芽、叶片）

叶片背面

有小虫子

虫子大量繁殖，在叶片背面群生。

原因

萝卜蚜

吸食植物汁液的害虫

害虫

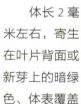

在叶片背面群生。

体长 2 毫米左右，寄生在叶片背面或新芽上的暗绿色、体表覆盖有薄层白粉的虫子，在秋天发生很多，寄生于蔬菜或杂草上，吸食植物汁液，影响其生长发育。另外，该虫可诱发煤污病，还是花叶病毒病的传播媒介，是嫩茎花椰菜很讨厌的害虫。

萝卜蚜繁殖旺盛，9 月下旬发生量大，群生。在日本全国各地都有分布，暖冬、少雨的年份发生量大。

 不使用药剂的防治 >>

铺设反光膜，以防止成虫飞来。一旦发现，就立即捕杀。注意防止肥料施用过多，避免密植，加强通风。

 使用药剂的防治 >>

天然型药剂

在虫害发生初期，可喷洒拜尼卡马鲁到喷剂或阿里赛夫。

化学合成药剂

在虫害发生初期，可喷洒拜尼卡水溶剂。

发生时期　一年中都有发生（特别是秋天发生多）

易发生的其他蔬菜　花椰菜、白菜、小油菜、萝卜、芜菁等

嫩茎花椰菜（十字花科）

症例③ 嫩茎花椰菜（十字花科）

症状

叶片呈飞白状，背面有幼虫

为害部位（叶片）

叶片

呈飞白状

只剩下表皮，呈半透明、飞白状的叶片。

原因

甘蓝夜蛾（夜蛾类）害虫

蛾的一种，是有昼伏夜出习性的食害性害虫

寄生在叶片背面的幼虫。

甘蓝夜蛾是以嫩茎花椰菜为代表的十字花科蔬菜的主要害虫，1年有2次发生盛期，产卵于叶片背面，孵化的幼虫取食叶肉，只剩下表皮。幼虫长大就变成褐色，体长4厘米左右，取食量大增，危害严重时把叶片吃得只剩下叶脉。甘蓝夜蛾的幼虫，白天潜藏在植株基部的土壤中，夜间出来活动，通常见到田间受害进一步扩展，但很难找到虫子，非常讨厌。

不使用药剂的防治 >>

把呈飞白状的受害叶片上的群生幼虫及卵块连叶摘除，并进行消灭。在受害株上没有找到虫子时，可在植株基部的土中及落叶下等处查找，找到后进行消灭。

使用药剂的防治 >>

天然型药剂

在虫害发生初期，对整株喷洒赞塔里水分散粒剂。

化学合成药剂

定植时，在植株基部的穴内撒施辛硫磷颗粒剂。

发生时期 4~6月、9~11月

易发生的其他蔬菜 白菜、甘蓝、生菜、草莓、番茄、茄子、萝卜等

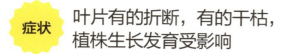

洋葱（葱亚科）

症例 **1**

症状 叶片有的折断，有的干枯，植株生长发育受影响

为害部位（叶片）

叶片

叶片干枯了

很多植株受害的样子。

未受害的耐病性品种"湘南红"（左），
受害品种（右）。

为害进一步发展，几乎所有的叶片都干枯了。

原因

霜霉病

由真菌引起的传染性病害

病害

叶片上出现模糊不清的椭圆形的病斑，和健康植株相比，可看到发病植株茎叶失绿。霜霉病是由真菌引起的洋葱的主要病害，梅雨季节如果持续降雨时易发生，为害进一步发展，叶片有的折断，有的干枯，严重影响植株生长发育。

在发病部分有灰白色或暗紫色的病菌（孢子），像覆盖了一层薄粉一样，孢子随风向周围扩散传播蔓延。排水不通畅、光照不良、通风差、下雨多时诱发其发生。病原菌随发病的落叶落到土壤中生存，再随着泥土飞溅，又附着到叶片背面，又开始侵染健康的植株。

发病导致叶片干枯的样子。

 不使用药剂的防治 >>

因为土壤排水性差的地块易发生，所以要采用高垄栽培，改善排水条件，铺稻草防止泥土飞溅。合理密植，改善通风、透光环境。把受害叶片和残渣收集起来带出田外处理掉，以消灭传染源。种植时，选择有耐病性的"湘南红"等耐病品种。

铺稻草，防止泥土飞溅。

 病菌会随发病植株的残枝落叶越冬，所以要把残枝落叶带到田外一起处理干净。

使用药剂的防治 >>

化学合成药剂
在病斑很小的发病初期，对整株均匀地喷洒百菌清。

发生时期

5~6 月

易发生的其他蔬菜

葱、小根蒜、冬葱等

111

症状 叶片有的出现白色条斑，有的出现孔洞

为害部位（叶片）

叶片

叶片上有条斑

由于幼虫为害，出现飞白状条斑的叶片。

原因

西伯利亚葱谷蛾

蛾的一种，是为害葱亚科的食害性害虫

在叶片中取食为害的幼虫（图中为葱的叶片）。

该虫为1年发生10代左右的食害性害虫，寄生于葱和洋葱等葱亚科蔬菜上。早春在叶片上产卵，孵化的幼虫钻到叶片中，因为取食叶肉而只剩下表皮，所以受害部分有的出现白色条斑，有的出现孔洞。

雨少、高温、干旱时易发生，发生量大时叶片全部变白而干枯了。

不使用药剂的防治 >>

如果发现叶片出现白色条斑，就把受害叶片从基部摘除或者把叶片中的虫子取出消灭。如果发现叶片的表面有幼虫或蛹，就立即消灭。

使用药剂的防治 >>

化学合成药剂

在虫害发生初期，对整株喷洒阿地安乳剂或拜尼卡S乳剂。

发生时期　5~11月（7~8月时发生量大）

易发生的其他蔬菜　葱、冬葱、大蒜、丝葱、薤、韭菜等

芝麻菜（十字花科）

症状 在叶片上为害成很多小的孔洞，有小甲虫

为害部位（成虫：叶片；幼虫：根）

叶片

叶片被咬出不规则的孔洞

随着叶片生长，形成大大小小的孔洞。

原因 黄曲条跳甲

甲虫的一种，是为害十字花科蔬菜的食害性害虫

害虫

寄生在叶片上的成虫（图中为小油菜叶片）。

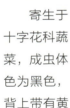

寄生于十字花科蔬菜，成虫体色为黑色，背上带有黄色带状的斑纹，体长3毫米左右，取食为害叶片。播种后，真叶开始长出时成虫从周围飞过来，在叶片背面取食为害，使叶片形成很多的小斑点。随着叶片生长，斑点形成大小不规则的孔洞。

夏天高温、下雨少时发生量大。成虫在植株基部的土壤表面产下数粒成堆的卵，孵化的幼虫潜入土中，取食根的同时也逐渐长大。

不使用药剂的防治>>

避免与十字花科蔬菜连作，进行除草。播种后用无纺布或珠罗纱等把垄罩起来，不要留有缝隙，防止成虫飞来。

使用药剂的防治>>

化学合成药剂

在虫害发生初期，可喷洒星来颗粒水溶剂。

发生时期　4~10月

易发生的其他蔬菜　小油菜、小白菜、白菜、萝卜、芜菁等十字花科蔬菜

症状 叶片呈飞白状，背面有幼虫

为害部位（叶片）

叶片

叶片被咬出的孔洞

低龄幼虫正在为害叶片。

叶片上的幼虫。因为夜间出来为害，所以平时难以发现。

原因 甘蓝夜蛾（夜蛾类）

蛾的一种，是有昼伏夜出习性的食害性害虫

害虫

薄荷类虽然是耐病虫害最强的香草之一，但是甘蓝夜蛾是薄荷的主要害虫。甘蓝夜蛾取食叶肉，剩下表皮呈飞白状，幼虫在叶片背面群生。1年有2次发生盛期，幼虫长大后体色变成褐色，分散开进行为害，成熟的幼虫体长可达4厘米左右，取食量很大，如果放任不管，整株会被吃得只剩下叶脉。该虫白天潜藏在植株基部的土壤中，夜间出来活动为害，平时难以发现，很难捕捉到。

甘蓝夜蛾以蛹在土壤中越冬，随着气温的上升变成成虫，之后飞来产卵为害春天的蔬菜。

🚫 不使用药剂的防治 >>

把呈飞白状的叶片连同在叶片背面群生的幼虫或卵块一起摘下消灭。在受害植株上没有找到害虫时，可在植株基部的土壤中或落叶下面等处查找，找到后进行消灭。

💊 使用药剂的防治 >>

天然型药剂

因为幼虫长大了再喷药，药效会变差，所以应在虫害发生初期，就对叶片背面及整株喷洒赞塔里水分散粒剂。

发生时期　4~6月、9~11月

易发生的其他蔬菜　白菜、甘蓝、嫩茎花椰菜、菠菜、生菜、番茄、茄子、黄瓜、草莓、萝卜等

香蜂草（唇形科）

症状 叶片上生有像小麦面粉一样的白色霉层

为害部位（叶片、茎）

叶片

有白色斑点

发病初期有小斑点附着的样子。

为害进一步扩展，叶片变成白色的状态。

原因

白粉病

由真菌引起的传染性病害

　　叶片上生有像小麦面粉一样不规则的接近圆形的白色病斑，为害进一步发展，整个叶片被白色霉层所覆盖。该病是由真菌引起的蔬菜上的主要病害，为害香蜂草和黄春菊等大多数香草类。

　　除了夏天的高温期外，初夏或初秋时下雨少、连续阴天、比较冷凉且干旱时易发生。施氮肥过多，茎叶过于繁茂，密植、通风差的环境可促使其发病。

　　受害叶片上附着的孢子随风飞散，不断地向周围传播蔓延。

 不使用药剂的防治≫

　　把受害部分摘除，切断传染源。适时整枝打杈，改善通风环境。氮肥不能施得过多。

 使用药剂的防治≫

天然型药剂

　　在发病初期，白色的霉层刚出现还不是很清楚时，就对整株喷洒拜尼卡马鲁到喷剂或阿里赛夫或施钾绿。

发生时期　5~10 月

易发生的其他蔬菜　黄春菊、芥菜、薄荷、草茴香、金莲花、番茄、黄瓜、南瓜、豌豆等

迷迭香（唇形科）

症状 叶片上出现白色小斑点，背面有微小的虫子

为害部位（叶片背面）

叶片

有密密麻麻的白色斑点

植株全体受害的样子。

原因

图为显微镜下叶螨的成虫。

叶螨类

蜘蛛的一类，是吸食植物汁液的害虫

为害叶片形成白色的小斑点，体长 0.5 毫米左右微小的暗红色虫子，寄生于叶片背面，繁殖旺盛，喜欢高温、干旱，特别是出梅以后为害更加明显，有些迷迭香的叶片会向背侧卷曲。

在适宜叶螨类生长发育的温度下卵 10 天左右就可成为成虫，所以不知不觉地为害就扩大了。叶螨类发生量大时，叶片变色，影响植株生长发育。该虫会在为害部位结成类似蜘蛛编织的网状物，以成虫越冬。

不使用药剂的防治 >>

在植株基部铺稻草等防止土壤干旱，适时进行浇水。在叶片背面喷水，能减少该虫繁殖的数量。避免密植，改善通风、透光环境。

使用药剂的防治 >>

天然型药剂

在虫害发生初期，以叶片背面为中心对整株喷洒拜尼卡马鲁到喷剂或阿里赛夫。

发生时期 5~10 月

易发生的其他蔬菜 黄春菊、鼠尾草、紫苏、番茄、茄子、黄瓜、菜豆等

金莲花（金莲花科）

症状 叶片出现白色的线条，且线条前端有幼虫或蛹

为害部位（叶片）

 叶片

有白色的线条

多数叶片受害的样子。

原因

潜叶蝇类

潜入叶片中取食为害的害虫

出现弯曲虫道的叶片。

叶片出现弯曲的白线。通称为画符虫，是金莲花的主要害虫。该虫寄主范围很广，可寄生蔬菜或香草等。

体长 2 毫米左右的成虫（蝇）把卵产于叶片中，孵化的幼虫取食叶肉只剩下表皮，边取食边向前移动，并在叶片中变成蛹。受害部分失绿变成半透明状，影响植株生长发育。

从春天到秋天发生多代，发生量大时致使叶片全部变白，有的甚至干枯。

 不使用药剂的防治 >>

把叶片上白线前端的幼虫或蛹用手指捏死。虫道多的叶片，应摘除进行消灭。

 使用药剂的防治 >>

目前日本没有正式登记的金莲花专用药剂。

发生时期　3~11 月

易发生的其他蔬菜　水芹、芝麻菜、黄春菊、盆栽万寿菊、马郁兰、香水薄荷、橙味薄荷、苦瓜等

黄春菊（菊科）

叶片全体变白的样子。

茎上的白色霉层。

原因

白粉病

由真菌引起的传染性病害

叶片上生有像小麦面粉一样不规则的接近圆形的白斑，为害进一步扩展，整个叶片被霉层覆盖。该病是由真菌引起的蔬菜上的主要病害，在以香草类为代表的多种植物上发生。

一般地，除夏天的高温期外，初夏、初秋下雨少，连续阴天，比较冷凉而且干旱时易发生。施氮肥过多，叶片、茎过于繁茂，密植、通风差的地块易发病。

附着在受害叶片上的孢子，随风飞散向周围传播蔓延。

不使用药剂的防治 >>

把受害部分摘除，切断传染源。适时整枝打杈，改善通风环境。氮肥不能施得过多。

使用药剂的防治 >>

天然型药剂

在发病初期，白色的霉层刚出现还不是很清楚时，就对整株喷洒拜尼卡马鲁到喷剂或阿里赛夫或施钾绿。

发生时期 5~10 月

易发生的其他蔬菜 香蜂草、草茴香、金莲花、薄荷、番茄、黄瓜、南瓜、豌豆等

第 3 部分

根 菜 类

芜菁 （十字花科）

叶片受害形成孔洞，上面有绿色的虫子

为害部位（叶片）

叶片

咬出不规则的孔洞

被为害成有孔洞的叶片。

原因

菜青虫 （菜粉蝶）

蝶的一种，是食害性害虫

在叶片上的幼虫。

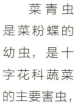

菜青虫是菜粉蝶的幼虫，是十字花科蔬菜的主要害虫，在日本全国各地都有分布，温暖地区一般是春天 4~6 月、秋天 9~11 月发生量大，寒冷地区是夏天发生量大。成虫在叶片背面单粒分散产卵，孵化后的低龄幼虫又寄生在叶片背面。幼虫长大后体长达 3 厘米左右，取食量很大，如果放任不管，整株会被吃得只剩下叶脉。秋天时该虫移动到树干等处，以蛹越冬。

 不使用药剂的防治 >>

一旦成虫（菜粉蝶）飞来，就有可能产卵，所以平时要仔细观察叶片的两面，只要发现卵或幼虫，就立即捕杀。用珠罗纱罩住全部植株，可以防止成虫飞来产卵。

 使用药剂的防治 >>

天然型药剂
在虫害发生初期，可喷洒赞塔里水分散粒剂。

化学合成药剂
在虫害发生初期，可喷洒产经马拉硫磷乳剂。

发生时期　4~6 月、9~11 月

易发生的其他蔬菜　萝卜、甘蓝、嫩茎花椰菜等

芜　菁（十字花科）　症例②

症状 叶片表面有浅黄色的斑点，
在叶片背面形成隆起的白斑

为害部位（叶片）

叶片

出现黄色的斑点

叶片
背面

在叶片表面出现浅黄色的斑点。

在叶片背面形成乳白色的斑点。

原因

白锈病

由真菌引起的传染性病害

叶片表面有浅黄色的斑点，在叶片背面形成乳白色稍微隆起的斑点，以后病斑破裂，散出白色粉状的孢子进行传染。

发病严重时，整个叶片被斑点所覆盖，并变黄、干枯。春天连续降雨湿度大，密植、通风差时易发生。病原菌在枯死的落叶中生存，并成为传染源。

发病初期，叶片表面的斑点不很清晰时，叶片背面的斑点容易确认。

平时就要认真检查叶片背面，确认有无发病。

 不使用药剂的防治 >>

把发病的叶片或落叶及早地清除，防止向健康的植株传染。合理密植，保证通风、透光良好。每年发病的地块要避免十字花科蔬菜连作，可与不同科的蔬菜进行轮作。

 使用药剂的防治 >>

化学合成药剂

一旦病斑扩展开了再防治，效果就差了，所以要在发病初期，对整株喷洒科佳。

发生时期 3~6 月、10~11 月

易发生的其他蔬菜 萝卜、白菜、小白菜、小油菜等十字花科蔬菜

症状 在新芽或叶片上群生着小虫子

为害部位（新芽、叶片）

新芽

有小虫子

柔嫩的新芽易被吸食汁液。

原因

萝卜蚜

害虫

吸食植物汁液的害虫

萝卜蚜寄生在叶片背面的样子。

暗绿色的虫体上覆有薄薄的白粉，体长2毫米左右，寄生在叶片背面或新芽上。秋天时发生量大，寄生于十字花科植物，吸食植物的汁液，影响植株正常生长发育。另外，其排泄物可诱发煤污病，还是花叶病毒病的传播媒介。

该虫繁殖旺盛，9月下旬时群生。在寒冷地区晚秋时产卵，以卵越冬，但是在温暖地区以幼虫或成虫在植物上就能越冬，到第2年再进行繁殖。暖冬少雨的年份发生量大。

不使用药剂的防治 >>

一旦发现，就立即捕杀。定植时铺设反光膜，可防止成虫飞来。

使用药剂的防治 >>

天然型药剂

在虫害发生初期，可喷洒拜尼卡马鲁到喷剂。

化学合成药剂

可喷洒家庭园艺用马拉硫磷乳剂，在播种时撒施吡虫啉颗粒剂。

发生时期 全年（特别是秋天）

易发生的其他蔬菜 萝卜、白菜、小油菜等

症状 叶片被咬出孔洞，附近有发黑的幼虫

为害部位（叶片）

叶片

咬出的孔洞

被咬出孔洞的叶片。

原因

芜菁叶蜂

害虫

蜂的一种，是为害十字花科植物的食害性害虫

左：落在叶片上的成虫。
右：取食为害叶片的幼虫。

芜菁叶蜂是蜂的一种，其幼虫也叫菜黑虫，1年发生4~5代，主要寄生于十字花科植物。幼虫随着虫体长大取食量也增加，如果放任不管，叶片可被取食光。在通风条件差的场所，生长发育柔弱的植株易受害。

老熟幼虫，包在茧内在土壤中越冬，第2年春天经过蛹阶段再变为成虫，在叶片上产卵，幼虫从5月又开始为害。

不使用药剂的防治 >>

一旦发现幼虫或成虫，就立即消灭掉。幼虫被触碰时，有迅速落下的习性，可在叶片下放上一张纸，振动植株，把落到纸上的幼虫收集起来消灭掉。合理密植，改善通风、透光环境。

使用药剂的防治 >>

化学合成药剂

在虫害发生初期，可喷洒产经马拉硫磷乳剂。

发生时期　5~6月、10~11月
易发生的其他蔬菜　萝卜、小油菜、水芹等

萝卜（十字花科）

症例❶

症状 叶片被取食，有绿色的虫子。
春天和秋天受害严重

为害部位（叶片）

叶片

咬出的孔洞

被咬出孔洞的叶片。

原因

菜青虫（菜粉蝶）

蝶的一种，是为害十字花科植物的食害性害虫

叶片上的幼虫。

菜青虫是菜粉蝶的幼虫，主要寄生为害十字花科植物。其在树干或墙壁处以蛹越冬，第2年3月羽化为成虫（蝶），在叶片背面单粒分散产卵，卵呈桶形，春天孵化为幼虫取食为害叶片。长大的幼虫达3厘米左右，取食量很大，有的植株被为害得只剩下叶脉。日本关东以南地区5~6月受害严重，在9月前后受害再次变严重。

 不使用药剂的防治 >>

要认真检查叶片背面，一旦发现卵或幼虫，就立即捕杀。播种出苗后用珠罗纱等罩住植株，可防止成虫飞来产卵。

 使用药剂的防治 >>

天然型药剂
在虫害发生初期，可喷洒赞塔里水分散粒剂。

化学合成药剂
播种前在播种穴中撒施辛硫磷颗粒剂或在幼虫发生初期喷洒拜尼卡S乳剂。

发生时期 4~6月、9~11月（寒冷地区夏天发生严重）

易发生的其他蔬菜 芜菁、甘蓝、白菜等

症状 叶片被咬出小的孔洞，上面有黑色幼虫

为害部位（叶片）

叶片

稀稀落落的孔洞

被咬出孔洞的叶片。

原因

芜菁叶蜂

害虫

蜂的一种，是为害十字花科植物的食害性害虫

左：落在叶片上的成虫。
右：叶片背面的幼虫。

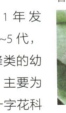

1 年发生 4~5 代，是蜂类的幼虫，主要为害十字花科的花卉、蔬菜，取食叶片，使植株衰弱。越是通风差、茎叶柔弱的植株，越易受害。

幼虫长大后，体长可达 1.5 厘米左右，取食量增大。在土壤中以藏在茧中的老熟幼虫越冬，第 2 年春天经过蛹阶段羽化为成虫，成虫在叶片上产卵，5 月前后出现幼虫。在日本各地都有发生。

 不使用药剂的防治 >>

改善通风、透光条件，培育健壮植株。平时认真检查叶片，一旦发现幼虫，就进行捕杀。因为是食害性害虫，发现越早，危害也就越易被控制在最小程度。

 使用药剂的防治 >>

化学合成药剂

在虫害发生初期，可喷洒产经马拉硫磷乳剂。

发生时期 5~6 月、10~11 月
易发生的其他蔬菜 芜菁、小油菜、水芹等

症状 叶片背面或新芽上密密麻麻地
寄生着小虫子

为害部位（叶片、新芽）

叶片背面

群生着小虫子

寄生于叶片，吸食汁液，使植株生长衰弱。

原因

蚜虫类

害虫

吸食植物汁液的害虫

在叶片背面群生。

寄生在叶片背面或新芽上，体长2毫米左右的小虫子，广泛寄生于蔬菜或花卉上，吸食植物汁液，影响植株生长发育。还可诱发煤污病，也是花叶病毒病的传播媒介，是萝卜非常讨厌的害虫。该虫繁殖旺盛，在叶面群生，当生长密度大时就会产生有翅的个体，向周围扩散并继续为害。夏天时生存密度减少，秋天时又开始增殖扩大为害。暖冬少雨的年份发生严重。

不使用药剂的防治 >>

一旦发现，就立即捕杀。定植时铺设反光膜，可以防止成虫飞来。包括冬天在内，都要清除蔬菜周围的杂草。

使用药剂的防治 >>

天然型药剂

在虫害发生初期，可喷洒拜尼卡马鲁到喷剂。

化学合成药剂

可喷洒拜尼卡拜吉夫路喷剂，或者在播种时撒施吡虫啉颗粒剂。

发生时期 4~11 月

易发生的其他蔬菜 芜菁、嫩茎花椰菜、白菜、小油菜、小白菜等

症状　体色为黑色加橙色条纹的虫子，在叶片取食的痕迹形成白色斑点

为害部位（叶片）

叶片

体色为黑色加橙色条纹的虫子

叶片的一部分颜色变成白色

取食为害叶片的痕迹变成白斑的模样。

原因

菜蝽

害虫

椿象的一种，是吸食植物汁液的害虫

左：为害叶片的幼虫。
右：在叶片上的成虫。

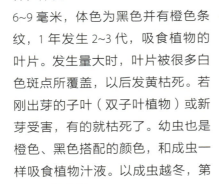

寄生于十字花科植物的椿象的一种，体长6~9毫米，体色为黑色并有橙色条纹，1年发生2~3代，吸食植物的叶片。发生量大时，叶片被很多白色斑点所覆盖，以后发黄枯死。若刚出芽的子叶（双子叶植物）或新芽受害，有的就枯死了。幼虫也是橙色、黑色搭配的颜色，和成虫一样吸食植物汁液。以成虫越冬，第2年春天又开始为害。

 不使用药剂的防治 >>

平时就要认真检查，一旦发现幼虫或成虫，就立即进行捕杀。

 使用药剂的防治 >>

目前日本没有正式登记的萝卜专用药剂。

发生时期　4~10月
易发生的其他蔬菜　芜菁、白菜、小油菜、小白菜等

症状 在叶片背面有乳白色斑点，即使用手擦拭也擦不掉

为害部位（叶片）

叶片背面

有白色斑点

叶片表面

呈现出模糊不清的斑点

在叶片背面有乳白色斑点。

进一步发展，黄色斑点变浓。

原因

白锈病

由真菌引起的传染性病害

在叶片表面有浅黄色不透明的斑点，在叶片背面形成乳白色稍隆起的斑点。白锈病是由真菌引起的传染性病害，也是萝卜的主要病害，叶片背面的斑点以后破裂，散发出白色粉状的孢子，向周围扩散传播蔓延。连续降雨、湿度大、密植、通风差的地块易发病。

在发病初期，叶片表面的浅黄色斑点不明显，但是叶背面的白色斑点容易辨认。

为了及时发现开始发病的时机，平时认真检查叶片背面是很重要的。

不使用药剂的防治 >>

除去发病的叶片和落叶，消灭传染源，使之不再传染健康的植株。要合理密植，确保株间通风良好。容易发病的地块，要避免与十字花科蔬菜连作，应和十字花科以外的蔬菜进行轮作。

使用药剂的防治 >>

化学合成药剂

在发病初期，对整株喷洒百菌清或科佳。

发生时期	3~6 月、10~11 月
易发生的其他蔬菜	芜菁、白菜、小油菜等

马铃薯（茄科）

症例❶

症状 在薯块上形成疮痂，使表面粗糙不光滑

为害部位（薯块）

薯块

薯块的表面粗糙不光滑

表皮上有疮痂。　　　　　　　　　　　　　　隆起的疮痂。

原因

疮痂病

由细菌引起的传染性病害

由细菌引起的病害，致使薯块的表面有的形成隆起褐色的疮痂，有的深深地凹陷，有的形成网目状的裂纹。嫩的薯块易发病。

土壤酸度低时不易发病，在碱性土壤中易发病。土壤温度为11~30℃时易发病，特别是20~22℃的环境下易发病，一旦发病后，病菌在土壤中能潜伏很长时间。

另外，连作的地块、土壤中养分不足的地块、排水差的地块易发病。

 不使用药剂的防治 >>

因为在碱性土壤中易发病，所以除必要的地块在栽植前撒施石灰外，其他尽量不撒施。避免连作，排水要通畅，购买健康种薯栽植。选择"爱野红""春光"等耐病性品种也是一种途径。

 使用药剂的防治 >>

化学合成药剂

栽植前，在土壤中全面施入伏隆洒得粉剂（成分：氟啶胺→P157）后掺混。

发生时期 5~6月

易发生的其他蔬菜 只是马铃薯

叶片上形成锯齿状的、像搓衣板一样的
被取食痕迹

为害部位（叶片）

叶片

有锯齿状的伤口

受害成网目状的叶片。

叶片

体背为红褐色，并且有
很多黑色斑点的成虫

落在叶片上的成虫。

叶片
背面

有粒状黄色的卵

产在叶片背面的卵块。

原因

二十八星瓢虫

瓢虫的一种，是与七星瓢虫形态相似的食害性害虫

二十八星瓢虫也叫伪瓢虫，是茄科蔬菜的主要害虫，为害叶片时只剩下叶脉，使叶片呈现网目状是其为害的最大特征。形态和七星瓢虫相似，红褐色的身体上有 28 个黑色的斑点。1 年发生 2~3 代，以成虫或者身体上具有很多根分叉刺的幼虫，在叶片背面取食为害，为害进一步发展，影响植株生长发育，产量也大大降低。

成虫把卵产在叶片背面，刚孵化的幼虫群生取食为害。以后分散开为害，经过蛹阶段又变成成虫。在落叶下或树皮裂缝等处以成虫越冬。该虫特别喜欢为害茄科植物，栽植茄科蔬菜时，会从其他地块飞来进行为害，所以需要采取必要的对策。

在叶片背面取食的幼虫。

马铃薯地块是这个害虫的发生源，为了防止其对其他茄科蔬菜进行扩大为害，要集中力量防治。

不使用药剂的防治 >>

平时就要认真检查，一旦发现成虫或幼虫、卵块，就要立即捕杀。采收后的残渣要及时处理，冬天越冬场所的落叶等要及时清除，地块也要注意清理干净。如果附近栽植茄子、番茄等茄科蔬菜，那些蔬菜上也要检查是否发生。特别是出梅以后的高温、干旱期易发生，更要注意。

发生时期

4~10 月

易发生的其他蔬菜

番茄、茄子、甜椒、黄瓜、菜豆等

使用药剂的防治 >>

化学合成药剂

在成虫、幼虫发生期，可喷洒拜尼卡拜吉夫路喷剂或拜尼卡水溶剂或家庭园艺用杀螟松乳剂，按说明书规定的稀释倍数稀释后喷洒整株。因为幼虫在叶片背面栖息，所以叶片背面也要全面地喷洒到。另外，在幼虫群生分散开以前喷洒药剂，防治效果好。

症状 叶片被咬出许多稀稀落落的孔洞，背面有虫子

为害部位（叶片）

叶片

叶片被咬出孔洞

被为害成有孔洞的叶片。

原因

甘蓝夜蛾（夜蛾类）

蛾的一种，是有昼伏夜出习性的食害性害虫

害虫

在叶片背面为害的幼虫。

幼虫在叶片背面为害，叶片被咬出孔洞。被人们叫作夜盗虫的主要害虫，1 年有 2 次发生盛期。该虫将卵产在叶片背面，孵化的幼虫又为害叶片。

幼虫成长后就逐渐分散开为害。白天藏在植株基部的土壤中，夜间出来活动为害，即使看到有叶片受害也很难发现虫子，是马铃薯非常讨厌的害虫。老熟幼虫体长达 4 厘米左右，取食量大，如果放任不管，叶片会被吃得只剩下叶脉。

 不使用药剂的防治 >>

　　如果发现叶片背面群生着幼虫，就连叶片摘除进行消灭。发现有受害但没有找到虫子的场合，可在植株基部的土壤中、落叶下等处查找，找到后立即进行捕杀。

 使用药剂的防治 >>

天然型药剂
　　在虫害发生初期，可对整株喷洒赞塔里水分散粒剂。
化学合成药剂
　　在虫害发生初期，可喷洒氯菊酯乳剂。

发生时期　4~6 月、9~11 月
易发生的其他蔬菜　萝卜、甘蓝、白菜、嫩茎花椰菜等

症状

叶片出现绿色斑驳花纹，似萎缩状

为害部位（叶片）

叶片

叶片向内侧卷曲

发病时，叶片向内侧卷曲。

原因

花叶病毒病

由病毒引起的传染性病害

　　叶片呈现绿色的斑驳，有拼花状的斑点，有的出现卷曲。花叶病毒病是由病毒引起的，导致马铃薯发病的渠道有多个，但几乎都是由蚜虫传播的。蚜虫在发病植株上吸食汁液后，再寄生健康的植株，就可传播病毒引起发病。在高温、干旱的年份，蚜虫发生量大时易发病，病害进一步扩展，严重影响植株的生长发育。

　　一旦发病就很难治疗，所以要集中力量防治蚜虫，使植株不感染病毒是最重要的。

 不使用药剂的防治 >>

　　发病的植株要及时拔除。铺设反光膜，可以防止蚜虫飞来。

 使用药剂的防治 >>

天然型药剂
目前没有防治花叶病毒病的有效药剂。为了防治蚜虫，可喷洒拜尼卡马鲁到喷剂。

化学合成药剂
在蚜虫发生初期，可喷洒吡虫啉。

发生时期

3~6 月（特别是蚜虫的发生时期）

易发生的其他蔬菜　萝卜、芜菁、小油菜、菠菜、茼蒿等

甘薯（旋花科） 症例❶

叶片被咬出不规则、接近圆形的孔洞，上面有绿色的蚱蜢

为害部位（叶片）

叶片

被咬出不规则的孔洞

取食叶片的成虫，有时出现雌雄正交配的情况。

原因

负蝗

寄主范围很广的食害性害虫

该虫 1 年发生 1 代，寄主范围很广，可取食为害蔬菜、花卉、杂草等。有的损伤叶片，有的将叶片咬出不规则的圆形孔洞。

成虫在上一年秋天产在土壤中的卵，越冬后 6 月前后孵化，长至体长 1 厘米左右的幼虫群生取食为害叶片。初期的幼虫只是损伤叶片，危害较轻，但是随着幼虫成长，其取食量也随之增加。成虫体长可达 5 厘米左右，危害程度也增大，发生量大时，叶片可被吃光，只剩下植株茎、秆。有时会看见上下背着的 2 只负蝗，它们不是亲子关系，而是雌雄关系，大的是雌虫，小的是雄虫。

 不使用药剂的防治 >>

平时就要认真检查植物，一旦发现成虫或幼虫，就立即捕杀。不管叶片是否被咬出孔洞，也要对周围的植物进行检查。因为体色是绿色，容易被忽视，所以要仔细查找，彻底清除杂草，消除其栖息场所。

 使用药剂的防治 >>

目前日本没有正式登记的甘薯专用药剂。

发生时期 6~10 月

易发生的其他蔬菜 菜豆、秋葵、甘蓝、嫩茎花椰菜、白菜、小白菜、芝麻菜、菠菜、紫苏、罗勒、薄荷等

症状 叶片出现白色斑点

叶片

叶片受害而呈飞白状

叶片出现白色斑点，呈飞白状。

原因

泡沫草网蝽

害虫

寄生于叶片背面吸食植物汁液的外来害虫

叶片上的成虫。

体长 3 毫米左右的成虫，寄生于叶片背面，吸食植物的汁液。使叶片出现白色的小斑点而呈飞白状。该虫与叶螨的为害症状相似，是日本于 2000 年初次认定的从北美传过来的害虫，翅膀像相扑裁判使用的指挥扇一样。7~8 月时甘薯受害严重，叶色变成白色至黄色，有的甚至枯死。成虫将卵产于叶片背面，黄褐色的幼虫也通过吸食汁液进行为害。该虫主要寄生于泡沫草等菊科植物上，并进行繁殖。

不使用药剂的防治 >>

叶片出现白色斑点时，就要把寄生于叶片背面的成虫或幼虫消灭。在虫害发生旺季时，要彻底清除周围的菊科杂草。

使用药剂的防治 >>

目前日本没有正式登记的甘薯专用药剂。

发生时期 6~10 月
易发生的其他蔬菜 牛蒡、茄子等

牛蒡（菊科）

在叶片背面有小虫子群生，叶片卷曲

为害部位（叶片、叶柄）

叶片背面

黑色的小虫子寄生在叶片上

虫子群生导致叶片背面变黑。

原因

牛蒡长管蚜

害虫

吸食植物汁液的害虫

大型黑褐色的成虫和红褐色的小幼虫。

叶片背面群生的体长 3~3.5 毫米的虫子，在蔬菜中只是牛蒡有发生，除寄生植物吸食汁液外，还是病毒病的传播介体。6~7 月和 9~10 月易发生，发生量大时虫子群生使叶片背面变黑，叶片向背面卷曲，植株也明显衰弱。该虫以卵越冬，第 2 年 4 月孵化，在新叶上增殖，反复进行为害，在温暖地区以成虫或幼虫越冬。暖冬、气温高、少雨的年份发生严重。

不使用药剂的防治 >>

一旦发现，立即捕杀。合理密植，加强通风。因为氮肥一次性施入过多，容易促使其发生，所以要注意。

使用药剂的防治 >>

天然型药剂

在虫害发生初期，可喷洒拜尼卡马鲁到喷剂或阿里赛夫，叶片背面也要细致地喷洒到。

化学合成药剂

在虫害发生初期，可喷洒阿地安乳剂。

发生时期　4~11 月

易发生的其他蔬菜　红花、苍术

胡萝卜（伞形科）

病例 ❶

症状 叶片被取食，上面有黑褐色和条纹模样的虫子

为害部位（叶片）

叶片

有像鸟粪便一样的虫子

叶片上的低龄幼虫（西芹）。

原因

金凤蝶

害虫

蝶的一种，是食害性害虫

有黑色和黄色条纹模样的老龄幼虫（图中为西芹叶片）。

寄生于伞形科蔬菜的蝶类害虫，其幼虫取食为害叶片。低龄幼虫虫体为黑褐色带有橙色的斑点和白色的条带，长大后变成黑色和黄绿条纹模样，体长可达5厘米左右，取食量也大增。

成熟的幼虫不久就从寄生的植物离开变成蛹，以后羽化变成鲜艳的金凤蝶，在叶片上分散单粒产卵，孵化的幼虫又进行为害。冬天时该虫以蛹越冬。

不使用药剂的防治 >>

一旦发现幼虫，就立即进行捕杀。因为成熟的幼虫取食量大，所以要在低龄时及早发现并及早消灭。

使用药剂的防治 >>

化学合成药剂

在虫害发生初期，对整株喷洒家庭园艺用马拉硫磷乳剂。

发生时期 4~10 月

易发生的其他蔬菜 荷兰芹、西芹、鸭儿芹、水芹、明日叶等伞形科蔬菜

**在根上形成大大小小的瘤。
须根很多，成为分叉根**

为害部位（根）

根

在根上形成瘤状物

根上形成大大小小的瘤状物。

不规则的瘤像成串的珠子一样。

原因

根结线虫

寄生于根部的土壤害虫

害虫

植株受害后生长发育变差，从下面的叶片开始枯死，若把植株拔出来，可以看见根上有大大小小的瘤状物。这就是被根结线虫为害的症状。线虫寄生在根中吸取养分，使根变形并形成很多大大小小的瘤状物。

成虫在土壤中生存，体长 0.5~1 毫米，是用肉眼难以发现的小虫子。连作地块易发生，为害进一步发展，植株枯死，产量也降低。

即使拔除了带病植株，线虫还是会残存于土壤中，因此要进行土壤处理，消灭线虫。

不使用药剂的防治 >>

避免连作，发病植株要及早地连根挖出，带出田外进行彻底处理。如果在前茬栽培对根结线虫有抗性的植物如菽麻、大黍，会有一定的抑制效果。

使用药剂的防治 >>

播种前，在土壤中施入线虫王颗粒剂（成分：噻唑膦→P163）。

发生时期 5~7 月

易发生的其他蔬菜 芜菁、甘薯、萝卜、番茄、茄子、甜椒、黄瓜、南瓜、西瓜等

樱桃萝卜

（十字花科）

症状 叶片背面有小虫子，植株生长发育变差

为害部位（叶片）

叶片背面

有小虫子

叶片背面群生着密密麻麻的虫子。

原因

蚜虫类

吸食植物汁液的害虫

害虫

在叶片背面或新芽上的体长2毫米左右的小虫子，广泛寄生于蔬菜、花卉、杂草上，吸食植物汁液，影响植株生长发育。还可诱发煤污病，也是花叶病毒病的传毒介体，是樱桃萝卜非常讨厌的害虫。

该虫繁殖旺盛，在叶片上群生，当生存密度大时，就出现有翅的个体，向周围扩散为害。夏天时生存密度减少，到秋天时又进行增殖为害。另外，暖冬少雨的年份发生量大。樱桃萝卜的栽培期为20~30天，所以在蚜虫严重发生期间必须要注意。

 不使用药剂的防治 >>

一旦发现，就立即消灭。定植时铺设反光膜或用珠罗纱罩住植株，可防止成虫飞来。氮肥如果一次性施入过多，易导致虫害发生，所以要注意。

 使用药剂的防治 >>

天然型药剂

在虫害发生初期，可喷洒拜尼卡马鲁到喷剂。

发生时期 4~11月

易发生的其他蔬菜 萝卜、芜菁、番茄、茄子、黄瓜、嫩茎花椰菜、白菜、小油菜、小白菜等

符合有机 JAS 规格的天然型药剂

在日本，符合有机 JAS 规格[⊖]的天然型药剂，就是有机农产品（有机品）栽培时能使用的，对人和环境都友好的，经过日本农林水产省认定的药剂。

1990 年以后，天然成分或食品的药剂使用量在增加。只不过，大多数食品或天然系列物理防治剂，如果不细致全面地喷洒，对病虫害的防治效果并不好。喷洒不细致、有的地方未喷，虫子就还有残存。另外，天然有用的微生物 BT 可湿性粉剂在世界上是有名的经济型药剂，但是效果比较缓慢。了解天然型药剂和速效化学药剂的不同点之后再选择使用吧。

天然型药剂的种类虽然有各种各样，但是和化学合成药剂相比，其成分可以说是容易分解的。对使用次数没有限制，多数在蔬菜采收前一天也能使用，对环境和人类都是友好的。对人体是否有害，与天然型的还是化学合成的无关，而是与所含成分原来具有的毒性和摄取量有关，只要是适量，对身体就没有不良影响。日本已经登记的药剂和医用药品一样，按照严格的标准制造、贩卖，所以无论是化学合成药剂，还是天然型药剂，只要是正确使用就都是安全的。

有机农产品栽培中可使用天然型药剂的有效成分和防治对象（病虫害）

商品名	有效成分	种类	主要的防治对象（病虫害）或使用目的
拜尼卡马鲁到喷剂	还原淀粉糖化物	食品成分	杀虫、杀菌	蚜虫、叶螨、粉虱、白粉病
阿里赛夫	脂肪酸甘油酯	天然成分	杀虫、杀菌	蚜虫、叶螨、粉虱、茶黄螨、白粉病
帕拜尼卡 V 喷剂	除虫菊酯	天然成分	杀虫	菜青虫、二十八星瓢虫、蚜虫、叶螨、粉虱
赞塔里水分散粒剂	BT 菌（→ P154）	天然成分	杀虫	菜青虫、甘蓝夜蛾、黄地老虎、烟青虫、毛虫、卷叶蛾
施钾绿	碳酸氢钾 *	食品添加剂	杀菌	白粉病、灰霉病、锈病、叶霉病
圣波尔多	碱式氯化铜	天然成分	杀菌	霜霉病、疫病、斑点性细菌病
来台明液剂	香菇菌丝体提取物	天然成分	杀菌	防止感染花叶病毒病，用于手指、剪刀等器具的消毒

* 和重苏打同类的成分。

● **要严格确认注意事项**

食醋、肥皂进入眼里也有刺激性，所以即使是天然型药剂，如果使用方法不当，有时也会对身体有影响。已经登记的园艺用药剂，对使用人确认有的影响，在标签的使用方法及注意事项中会写明。使用时一定要认真阅读标签上的注意事项，按照使用方法进行使用。

⊖ 有机 JAS 规格，是日本农林规格（JAS）中的一种，蔬菜从播种或栽植前 2 年以上就不能使用禁止的农药和化学肥料进行栽培。经日本确认为有机农产品生产农户生产的货物，会在出售前贴上有机 JAS 的商标。

第 4 部分

管理技巧
和药剂使用方法

病虫害防治的基本原则

对于蔬菜栽培爱好者来说，每年发生的病害和虫害是不可避免的烦恼。

对于病害和虫害，大多数人都想尽可能地预防，尽量地不使用药剂。

在农业领域，以前以药剂为中心的病虫害防治，逐渐变成现在的以不光依赖药剂的"综合防治（Integrated Pest Management，IPM）"为主。改善栽培环境，培育健康的蔬菜，有效地利用仪器、设备，及早地监测到病虫害，尽早捕杀等，把各种各样的方法组合起来，减轻病虫害的发生，必要时再使用药剂防治策略，就会取得更有效的防治效果。

同时，世界范围内在原来的化学合成药剂的基础上，又增加了使用后易分解、对环境和人类友好，在有机农产品栽培（有机JAS）中能使用的天然型药剂。

在家庭菜园中全部实行综合防治也是有难度的，但是每个人均应在可能的范围内尽量地应用综合防治方法，建立多种可能的防治对策，把病虫害控制在对栽培或产量都可接受的程度作为目标而努力。

不依赖药剂的管理技巧

﹛病虫害防治对策从买苗、育苗时就开始了﹜

1. 选择嫁接苗

为了抵抗土壤中的病原菌侵染，可利用嫁接苗。黄瓜或西瓜等葫芦科蔬菜，番茄、茄子等蔬菜的嫁接苗都有出售。黄瓜可用南瓜、茄子可用野生的茄子、番茄可用有抗性的番茄作为砧木进行嫁接。利用嫁接苗，不仅抑制了土壤病害的发生，而且可进行连作。这样虽然成本有点儿高，但是抗病虫害效果还是很明显的。

2. 选择耐病性品种

目前，许多蔬菜通过品种改良而有了不易得病的"耐病性品种"，并且在出售。所以选择耐病性品种，可抵抗病害侵染，使栽培变得简单。

3. 选择健壮的苗

病虫害防治对策，从买苗就要开始考虑。依据生长的状态，选择健壮的苗，可培育对病虫害抵抗能力强的生长健壮的蔬菜。特别是蔬菜苗，可以说"有了好的苗就等于成功了一半"，买苗时苗的生长发育状态对栽植后的生长发育有很大的影响。参考下图，购买健壮的苗吧！

买苗时需检查的要点

花或叶是否变色，植株上是否有病斑，是否萎蔫

是否有虫子

节间是否缩短

是否有被取食为害的部分

叶的正、反面都要认真观察

{ 改善栽培环境是很重要的 }

1. 改善通风环境

一般的蔬菜在湿度大时易发病。这是因为多数病原菌为了使孢子增殖，并且侵入植株体内，需要湿度较大的条件。改善通风环境，使蔬菜植株表面的湿度降低，从而抑制病原菌的活动，可使发病减轻。

留下充足的株距进行合理定植，适当地进行引缚，茎叶生长繁茂时可进行整枝打杈、修剪。通过这些操作，不仅通风条件变好，日照环境也得到改善。

2. 改善日照环境

如果日照好，植株光合作用可充分地进行，其结果是生长健壮、不易得病。如果栽培场所的日照不好、光照不充足，植株茎、叶较软弱，对病害的抵御能力降低，容易发病。

3. 遮雨和干旱对策

病原菌由于降雨或湿度大而增加，随雨水飞溅而向周围扩散蔓延，侵入蔬菜植株中。因此，番茄等蔬菜采用立支柱覆盖塑料薄膜的方式进行遮雨栽培，可抑制病原菌的活动，使发病减轻。把垄覆盖成拱棚状，也很有效。因为叶螨类有喜欢高温、干旱的习性，特别出梅以后，在植株基部铺上稻草等，进行适当的浇水，经常向叶片背面喷水，可以抑制叶螨的繁殖。

4. 用适宜的地块、适宜的茬口进行培育

每种蔬菜都有各自喜欢的栽培环境。如果植株生长发育的环境不适宜，就会引起生长发育不良，植株柔弱，对病害的抵御能力降低从而易发病。

选择适宜蔬菜的栽培场所，培育健壮植株是很关键的。

用塑料薄膜小拱棚罩住植株，遮挡雨水，可防止发病。
晴天时为防止水分蒸发，可把下部敞开通风。

{ 培育抗病虫害能力强、健康的蔬菜 }

1. 改善地块的排水环境

排水不良，降雨后总是积水的地块，土壤湿度过大，苗立枯病、疫病、霜霉病等土壤病害易发生，土壤板结，土壤中氧气缺乏，易发生根腐病。在土壤中施入堆肥或腐叶土等有机肥料进行深翻，制造团粒结构的土壤，可使排水性和通气性变好。

2. 加强平时的栽培管理

为防止病虫为害蔬菜，首先合理的栽培管理是很关键的。栽植时合理密植，保证株距，如果采用播种方式，就要在种子发芽后及时进行间苗，使所有的苗充分地接受日光照射。

3. 采用轮作，减轻连作障碍

在同一地块连续栽培同一科的蔬菜，导致植株生长发育受到严重影响的情况叫连作障碍。特定的病原菌、害虫等密度增大，危害程度增加，土壤平衡被打破都是其诱发的。因为连作障碍，容易发病的蔬菜、重茬严重的蔬菜都是一定会发生的，所以要用不同科的蔬菜进行轮换栽培，即轮作。

另外，2种以上的蔬菜或香草等进行混作，害虫的发生能够减轻。如果西瓜或黄瓜与万寿菊进行混作，线虫的为害受到抑制，其后茬萝卜的受害程度也会减轻。

4. 利用伴生植物

进行植物组合栽培，一方对另一方病虫害的发生、杂草的为害具有减轻作用，把同时栽培的植物叫作伴生植物。如栽植薄荷、大蒜、万寿菊等具有强烈气味的植物，使害虫不愿前来寄生为害，还可栽植诱集天敌前来并进行增殖的植物（陪植植物），这些方法已被应用。

5. 施肥也要注意

肥料一次性施用过量，茎叶生长过于繁茂，通风和日照就会变差，成为病、虫喜欢的环境。土壤中的肥料浓度过大，也会出现"肥害"。施肥，要在蔬菜需要的时期施入合适的量。所以，合理施肥是很重要的。

间苗前的菠菜。叶片互相重叠，混杂拥挤。

间苗后的菠菜。株距增大，每株都能受到很好的日光照射。

把具有减轻线虫为害作用的万寿菊栽植在垄间。

{ 不要忘记平时就要认真观察 }

1. 不要错过病虫害发生的信号

平时就要认真观察蔬菜是否受到为害。病虫害往往在叶片背面等不易发现的场所发生，细致地观察可以尽早地发现异常情况。地块整体的状态、栽培环境、植株的生长发育状况等是否有变化，都要认真观察。对栽培的蔬菜易发生的病害、虫害，易发生的部位、症状等预先了解，也是很重要的。

2. 观察、交流，并做好记录

和附近菜园的农户做好情况交流，将季节性病害、虫害的发生互相告知，对及早地采取措施也很有帮助。如果把病虫害发生时期和管理操作事项等在笔记本上记下，对第2年以后的防治会起到很大的作用。从家庭菜园开始养成经常观察、交流、做记录的良好习惯吧。

{ 一旦发现病虫就立即进行防治 }

1. 一旦发现就立即捕杀是最基本的方法

蚜虫要立即捏死，菜青虫、甘蓝夜蛾的幼虫或蛹等，用筷子或镊子等取出并消灭。受地下害虫为害的植株易倒伏，虫子就在刚倒伏植株附近的浅土中隐藏着，因此可挖掘周围的土，找出虫子进行消灭。降低害虫生存密度是很重要的。

2. 把发病的部分立即摘除

发病的茎叶，如果放任不管，病原菌就会增殖，并向周围传播蔓延，所以要立即清除。如果花叶病毒病的防治效果不明显，就干脆连发病的植株拔除并进行处理。

另外，杂草或落叶不仅是病原菌、害虫的繁殖场所，也是其越冬的场所，因此一年中要留心，随时清除杂草，清洁田园。

菜青虫等用筷子或镊子取出并消灭。

把病害和虫害的发生时期、蔬菜名称、采取的措施、结果等记录好。

由蚜虫的排泄物诱发的煤污病（甜椒）。

{ 为了预防病虫害，灵活运用材料设备 }

1. 稻草覆盖等

植株基部用稻草、树皮、塑料薄膜等覆盖的做法叫地面覆盖，具有防止土壤干旱、抑制杂草生长、防止降雨或浇水时泥水飞溅从而传播土壤病害的作用。

传播病毒的蚜虫、粉虱、蓟马、瓜叶虫等害虫，有讨厌一闪一闪发光的习性，所以在土壤表面铺设反光膜，能够防止成虫飞来。

除稻草外，其他材料在定植前就可铺上。黑色地膜具有提高地温、促进植株生长发育、遮光抑制杂草生长的效果。

2. 防虫网或珠罗纱

用防虫网或珠罗纱罩住植株，进行物理性的遮挡，可防止害虫侵入，也可防止蝶或蛾的成虫飞来产卵，另外，还可防止蚜虫、瓜叶虫、黄曲条跳甲飞来。为防止番茄病毒病的传播媒介烟粉虱飞来，应使用更细密的珠罗纱（孔径为 0.4 毫米）。

因为蔬菜定植后成虫很快就飞来，所以在定植时就用防虫网或珠罗纱迅速地罩住垄。

在夏天为抑制地温上升而铺设的稻草。

对蚜虫有忌避效果的附有银线条的塑料地膜。

3. 粘虫板

粘虫板是利用蚜虫、粉虱、潜叶蝇对黄色有趋性，蓟马对蓝色有趋性的习性进行引诱并将其粘住的杀虫工具。通过颜色引诱害虫，再用物理的黏着方式捕获，也能够减少害虫的生存密度。

结合播种或定植作业，迅速地设置好粘虫板。如粉虱，一般每平方米用 1 块左右。如果粘虫板上覆有很多害虫，就需更换新的粘虫板了。

诱杀蚜虫的黄色粘虫板。

把珠罗纱（防虫网）弄成拱棚状，使害虫接触不到植株。

药剂的选择方法、使用方法

1. 选择使用方便、对症、速效性的药剂

尽管平时做好了病虫害的预防，但害虫繁殖快、病害蔓延迅速的情况还是会出现，需要尽快地采取防治措施，否则就晚了。药剂防治就是在这些情况下起很大作用的防治方法之一。使用药剂和另外的防治方法相比，具有使用方便、见效快、对症，并且可以大范围地防治病虫害等优点。根据场所选择合适的药剂，一旦发生病虫害时能很好地利用，可作为综合防治的一种手段。

2. 按照使用说明书使用是安全的

药剂对病虫害的防治有效是最基本的，在对人或自然环境（土壤、水质、鱼等）的影响进行各种各样的确认试验后，接受国家登记后才开始制造、销售。所有的药剂，在法律安全性上是能保证的。

3. 确认标签上的内容，安全地使用

药剂标签上写明了使用方法。"适用病虫害"，表示对写明的病虫害有效；"植物名"，表示对选用的植物没有药害。蔬菜、果树等食用植物，还标明了稀释倍数和使用时期、总使用次数（蔬菜从播种到采收能使用的次数），如果按照使用方法使用，对人体健康无影响，对采收的蔬菜和自然环境也是安全的。

标签上记录的项目和意思

项目名	意思
植物名	可使用的植物
适用病虫害	可使用的病害名、害虫名
稀释倍数	用水稀释多少倍（标注"原液"时不用稀释可直接使用）
使用时期	能使用到采收前多少天
总使用次数	到采收结束时共使用几次
使用方法	使用的方法
效果、药害等的注意	关于效果、对植物的影响、药剂混合时的注意事项等
安全使用方面需注意	关于对喷洒的人和环境需注意的事项
保存	保存方法

一般药剂容器的背面会有如左图所示的标注。

※ 根据农药管理法要求必须做出如上表所示的标注。

｛ 选择方法的基本原则分 4 个步骤 ｝

步骤
① 先判断受害原因——是害虫还是病害

　　查看症状后确定引起的原因。如果是害虫引起的，就选用杀虫剂；如果是病害引起的，就选用杀菌剂。如果是症状难以判断的情况，用含杀虫成分和杀菌成分配合的杀虫杀菌剂就很方便。

步骤
② 喷洒防治的目标植物是什么

　　根据农药管理法，把对某种蔬菜的病害和虫害有效并取得认可的事情叫"进行了登记"。能使用的蔬菜、使用方法是一定的。标签的"植物名"栏中，想喷洒的蔬菜名是否已登记，必须要确认好。

步骤
③ 结合喷洒的范围、喷洒经验选择喷洒药剂的类型

　　喷洒的范围、防治对象的数量不同，选用的药剂类型（剂型）也不同。喷洒面积大、株数多的场合，适合选用"乳剂""悬浮剂""液剂"。面积小、株数少的场合或应急处理时想喷洒，选用拿过来就能用的"喷剂"更加方便。"粒剂（渗透扩散剂）"，是在对药剂使用熟悉，而且定植时就想开始预防的场合使用的。

步骤
④ 是选择天然型药剂还是化学合成药剂

　　选择以天然成分或食品成分作为原料制成的天然型药剂或化学合成药剂，清楚地理解它们各自的特性，根据用途或病虫害的发生状况进行选择，合理使用，能有效地防治虫害和病害（→ P140）。

主要产品的类型（剂型）和特征

颗粒剂（内吸剂）

撒于植株基部或混入土壤中，有效成分被根吸收，再传输到整株，持效期长（注：乙酰甲胺磷在中国已禁止用于蔬菜，可用吡虫啉代替）。

乳剂、悬浮剂、水溶剂

用水稀释一次，可制成大量喷洒的药液，在面积大的场合使用更加经济。

诱饵杀虫剂（药丸）

对昼伏夜出、难以防治的害虫，诱其出来取食而进行杀灭。

喷剂

使用方便的手握喷雾瓶，有的喷壶也可喷雾，可省去稀释的步骤。

{ 如何使用才能取得更好的效果 }

杀虫剂的使用方法

1. 喷洒的药剂要直接接触到害虫（触杀剂）

喷剂、乳剂、可湿性粉剂、水溶剂喷洒时，将药剂直接接触到虫体，可迅速消灭害虫。将害虫在其发生初期快速地消灭，可把危害控制在最低程度，尽快地降低虫口密度，这样药剂喷洒次数也能减少。

要点 ①

叶片背面也要喷洒到。因为多数害虫不仅在叶片表面寄生，在叶片背面也寄生，所以叶片的两面，茎秆等不要遗漏，都要喷洒到，应以受害部位为中心对整株全面喷洒。如果喷洒不均匀，残存下的害虫就会快速地繁殖。

要点 ②

喷洒量应适宜。对叶片全面地喷洒，以药液从叶尖开始往下滴时为止。

喷洒到药液从叶尖处往下滴时为止，叶片两面都要细致地喷洒到。

要点 ③

天然型药剂要喷洒充分，用药液把害虫包住，使其窒息死亡。因此，若害虫不能充分地接触药剂，就得不到好的防治效果。在害虫发生少的初期喷洒是很重要的。因为药剂无持效性，所以每隔 5~7 天再进行喷洒。

2. 定植时是混入土壤中还是撒在植株基部（内吸性药剂）

把颗粒剂撒于土壤的表面或定植时撒入穴中与土壤混合，杀虫剂成分被根吸收，传输到植株各个部位，从而达到杀虫效果。在害虫发生前先施药，可长时间地保护植株，防止害虫为害。在土壤有一定的湿度时施用，效果好。

内吸性杀虫剂，除颗粒剂外，还有喷剂、可湿性粉剂、水溶剂，其持效期都比较长。请认真查看标签，有效利用。

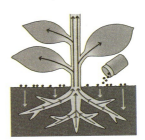

撒在土壤表面的颗粒剂的成分向土壤中渗透，被根部吸收传输到整株。

3. 傍晚时撒在植株基部（诱饵杀虫剂）

诱饵杀虫剂，在害虫开始活动前的傍晚，撒在害虫的生存场所附近。因为降雨或浇水把诱饵泡软了，会使效果降低，所以撒时要注意降雨、浇水等情况。

在地面撒诱饵剂后，引诱蛞蝓聚集。

杀菌剂的使用方法

杀菌剂大致分为预防性药剂和治疗性药剂两类。另外，一般的治疗性药剂也有预防效果。理解了药剂的功能后再使用，就能更好地防治病害。

1．预防性药剂

●从发病前（感染前）就开始喷洒进行预防

预防易发生的病害，对整个蔬菜植株喷洒药剂，以防止病原菌的侵入。

病害和虫害不同，是否感染了病原菌不能马上用肉眼确定，即使感染了，还有潜伏期，到发病前这一阶段用肉眼看不见。一旦病害蔓延开了再使用药剂，防效就差了，所以在感染前就喷洒药剂进行预防是比较理想的。

2．治疗性药剂

●从发病前到发病初期喷洒

即使病原菌侵入蔬菜植株体内增殖后再喷洒药剂，其有效成分也能渗透到蔬菜植株体内，传输到组织内部接触到病原菌而发挥其杀菌作用。另外，当刚发现部分蔬菜发生病害时，对其他蔬菜大范围喷洒，也可起到预防效果。

为了提高防治效果，尽早地喷洒是很重要的。

药剂的稀释方法（使用喷雾器、喷雾瓶）

1．按照稀释倍数

用水稀释类型的药剂，如果比规定的浓度高，蔬菜会出现药害；相反，浓度低时防治病虫害的效果就差。但并不是浓度高时效果好，浓度低时就安全，按照所规定的倍数稀释，防效和安全性都能保证。

2．添加展着剂

调整喷洒药液使用的展着剂，使药液易附着到植物的茎、叶片及害虫体上，附着后易扩展，不易滴落浪费。展着剂能使稀释药剂的成分在水中均匀分布，使防效更加稳定。乳剂、可湿性粉剂、水溶剂用水稀释时一定要加入展着剂。

稀释一览表

（单位：乳剂为毫升；可湿性粉剂为克）

稀释倍数	加水量		
	1升	2升	3升
250 倍	4.0	8.0	20.0
500 倍	2.0	4.0	10.0
1000 倍	1.0	2.0	5.0
1500 倍	0.7	1.3	3.3
2000 倍	0.5	1.0	2.5

※ 表的用法

例如：制作 1000 倍药液，把乳剂 1.0 毫升或者可湿性粉剂 1.0 克加入 1 升的水中溶解并混匀。

安全喷洒药剂

1. 认真阅读使用说明，使用已登记的药剂

在标签或说明书上，记载着使用时的注意事项。

因为是安全使用的注意事项，所以一定要认真阅读后再使用。

2. 选择适宜喷洒的日期和时间段

避开在中午高温时段喷洒药剂，在早晨、傍晚凉爽的时间段无风或风小时进行喷洒。要注意采用防止药剂向周围飞散等安全措施。

也要注意研究不使用药剂的方法，选择使用不易飞散的颗粒剂等防治方法。

3. 不使药液沾到身上的技巧

穿戴喷药剂用的面罩、眼镜、手套、帽子、长袖褂、长裤，尽可能地减少皮肤裸露的部分，喷洒要敏捷，留意喷雾器的喷头朝向或风向。

4. 严格处理剩余的药液，遵守有效期限

因为稀释的药液随着时间的推移会逐渐分解，所以保存也没有意义。根据喷洒面积等配制需要的药液，正好喷洒完是基本原则。剩余的药液，如果当地政府有规定，要遵从当地政府业务部门的指导，正确处理。如果没有规定，也不能流入用水区域或河流中，要选择没有食用植物的场所，挖上浅坑倒入，绝不能倒入河流、池塘、排水沟等处。

超过有效期的药液，成分或分解，或者浓度降低等，原来的品质不能保证，所以按日本农药管理法规定就不能使用了。

喷洒药液时，要穿戴喷药剂用的面罩、眼镜、手套，尽量减少皮肤外露。

剩余的药液，要选择不对周围环境有影响的场所，挖坑倒入。

喷药时要后背迎着上风头边退边喷洒。不能前进喷洒，以免药液沾到身上。

在蔬菜上可使用的主要药剂

"使用药剂的防治"中对列举的各种药剂的特征、使用方法、注意事项、能使用的蔬菜、病虫害等进行解说，可作为选择药剂时的参考。使用时，药剂包装上的适用范围、使用方法也一定要阅读了解之后再使用。

范例

种 类　杀　虫　剂：防治害虫的药剂
　　　　　杀　菌　剂：抗病原菌繁殖的药剂
　　　　　杀虫杀菌剂：既能杀虫又能杀菌的药剂

剂 型　药剂的形状（产品类型）

作 用

杀虫剂
- 触 杀 剂：直接接触害虫而将其杀灭
- 内 吸 剂：有效成分被植物吸收而杀灭害虫
- 胃 毒 剂：害虫吃后被杀灭
- 诱　　饵：引诱害虫过来吃掉而将其杀灭
- 物理防治：包围住害虫使其窒息而死

杀菌剂
- 预防性药剂：防止病原菌的孢子萌发或菌丝侵入
- 治疗性药剂：杀灭侵入的病原菌
- 物 理 防 治：包围住病原菌阻止孢子或菌丝的生长发育

杀虫杀菌剂
- 同时具有上述杀虫剂和杀菌剂的作用

成 分　对病害或害虫具有防治效果的有效成分

｛ 天然型药剂 ｝

阿里赛夫

成 分　脂肪酸甘油酯

种 类　杀虫杀菌剂
剂 型　乳剂
作 用　物理防治
生产者　住友化学园艺

可使用的主要蔬菜　黄瓜、番茄、茄子等果菜类，甘蓝、白菜等叶菜类，萝卜等根菜类及香草类

有效果的主要病虫害　白粉病、蚜虫、粉虱、茶黄螨、叶螨

特征　天然棕榈油本来的成分，可用于有机农产品栽培（有机 JAS）。臭味小，从成长期到采收前 1 天可使用多次，而且使用方便。可用于所有的蔬菜类、香草类，对蚜虫、叶螨、粉虱、白粉病等有效。

使用方法、注意事项　用水稀释 300~600 倍（根据植物而异），装入喷雾瓶或喷雾器，在病虫害发生初期充分地喷洒，把害虫包住，直到害虫动不了。隔几天再喷洒，更有效。

※ 本书记载的商品或登记的数据等，是 2017 年 1 月的资料，关于药剂的适用范围等有可能有变化。

施钾绿

成　分 碳酸氢钾

种　类 杀菌剂、钾肥

剂　型 可湿性粉剂

作　用 治疗

生产者 住友化学园艺、石原产业、OAT 农业坞等

可使用的主要蔬菜 黄瓜、番茄、茄子等果菜类，甘蓝、白菜等叶菜类，萝卜等根菜类及香草类

有效果的主要病害 白粉病、锈病、灰霉病、叶霉病

特征 其成分和碳酸氢钠相类似，可用于有机农产品的栽培（有机 JAS）。对蜜蜂、蜘蛛等有益昆虫无害。从成长期到采收前 1 天可使用多次。对白粉病、灰霉病、锈病虽然无预防效果，但是发病后的治疗效果很好。还可作为钾肥用。

使用方法、注意事项 用水稀释 800~1000 倍（根据植物而异）后，装入喷雾瓶或喷雾器内，在发病初期喷洒整株。发生量大时防治效果稍差，所以可在规定的范围内使用高浓度。加入展着剂，会提高防治效果。

靠洒得波尔多

成　分 氢氧化铜

种　类 杀菌剂

剂　型 可湿性粉剂

作　用 预防

生产者 三井化学阿古涝等

可使用的主要蔬菜 菜豆、马铃薯、荷兰芹、番茄、胡萝卜、大蒜、菠菜、生菜

有效果的主要病害 疫病、枯萎病、褐斑细菌病、锈病、疮痂病、软腐病、春腐病、斑点性细菌病、腐烂病、霜霉病

特征 适用于大多数病害的保护性杀菌剂，可用于有机农产品的栽培（有机 JAS）。化学性稳定、有速效性。有效成分能覆盖植株，防止病菌的孢子萌发和菌丝侵入。

使用方法、注意事项 用水稀释 500~2000 倍（根据植物而异）后，装入喷雾瓶或喷雾器内，在发病前就喷洒整株。在大蒜上使用时，为减轻药害可加入碳酸钙可湿性粉剂。

圣波尔多

成　分 碱式氯化铜

种　类 杀菌剂

剂　型 可湿性粉剂

作　用 预防

生产者 住友化学园艺、产经化学等

可使用的主要蔬菜 甘蓝、黄瓜、马铃薯、萝卜、番茄、茄子

有效果的主要病害 日灼、疫病、溃疡病、褐色腐烂病、褐斑病、疮痂病、炭疽病、斑点性细菌病、霜霉病、茶饼病

特征 其成分是天然的铜，可用于有机农产品栽培（有机 JAS），是对各种病害都有预防效果的代表性的保护性杀菌剂。对由细菌引起的斑点性细菌病或由真菌引起的霜霉病、疫病也很有效。其有效成分能覆盖植株，防止病菌孢子的萌发和菌丝侵入。

使用方法、注意事项 用水稀释 300~800 倍（根据植物而异）后，装入喷雾瓶或喷雾器中，在发病前就喷洒整株。黄瓜在幼苗期或高温时段易出现药害，所以要注意。不能和机油乳剂、有机硫黄剂等药剂混用。

菜喜水分散粒剂

成 分　多杀菌素

种 类	杀虫剂
剂 型	水分散粒剂
作 用	触杀、胃毒
生产者	日产化学工业等

可使用的主要蔬菜　甘蓝、黄瓜、西瓜、番茄、茄子、白菜、甜椒、甜瓜、生菜

有效果的主要害虫　菜青虫、蓟马、烟青虫、小菜蛾、潜叶蝇、甘蓝夜蛾

特征　从土壤放线菌中提取的杀虫剂，有速效性，对药剂有抗性的小菜蛾、蓟马等有很好的防效，可用于有机农产品栽培（有机 JAS）。喷洒后由于太阳光线的作用可分解为水和二氧化碳等。

使用方法、注意事项　用水稀释 2500~20000 倍（根据植物而异）后，装入喷雾瓶或喷雾器中，在虫害发生初期，对整株包括叶片背面进行喷洒。

赞塔里水分散粒剂

成 分　BT 菌的芽孢及结晶物

种 类	杀虫剂
剂 型	水分散粒剂
作 用	胃毒
生产者	住友化学园艺、住友化学等

可使用的主要蔬菜　黄瓜、番茄、茄子等果菜类，甘蓝、白菜等叶菜类，萝卜等根菜类，香草类

有效果的主要害虫　菜青虫、玉米螟、烟青虫、金凤蝶、毛虫、小菜蛾、甘蓝夜蛾

特征　其成分是天然有益微生物，可用于有机农产品栽培（有机 JAS），是防治菜青虫、甘蓝夜蛾、小菜蛾、毛虫等的专用药剂，从成长期到采收前 1 天可使用多次。只对蛾和蝶的幼虫起作用，对人畜没有不好的影响。

使用方法、注意事项　用水稀释 1000~2000 倍（根据植物而异）后，装入喷雾瓶或喷雾器中，在虫害发生初期对整株进行喷雾。因为白菜易出现药害，所以一定要严格遵守所规定的浓度。虽然杀灭害虫需要一定的时间，但是喷药后害虫的取食就立即停止了。

套阿涝可湿性粉剂

成 分　BT 菌的芽孢及结晶物

种 类	杀虫剂
剂 型	可湿性粉剂
作 用	胃毒
生产者	OAT 农业坞等

可使用的主要蔬菜　黄瓜、番茄、茄子等果菜类，甘蓝、白菜等叶菜类，萝卜等根菜类，香草类

有效果的主要害虫　菜青虫、玉米螟、毛虫、小菜蛾、紫苏野螟、甘蓝夜蛾

特征　其成分是天然的有益微生物，可用于有机农产品栽培（有机 JAS），是防治菜青虫、甘蓝夜蛾、小菜蛾、毛虫等的专用药剂，从成长期到采收前 1 天可使用多次。只对蛾和蝶的幼虫起作用，对人畜没有什么不好的影响。

使用方法、注意事项　用水稀释 500~2000 倍（根据植物而异）后，装入喷雾瓶或喷雾器中，对整株进行喷雾。虽然杀灭害虫需要一定的时间，但是在喷药后害虫的取食就立即停止了。注意不能和波尔多液等碱性药剂混用。

预防番茄脐腐病的喷剂

成 分 水溶性钙

种 类 钙肥

剂 型 喷剂

作 用 补充钙

生产者 住友化学园艺

可使用的主要蔬菜 番茄

有效果的主要生理性病害 脐腐病

特征 使用能被高效率吸收的水溶性钙，使番茄钙的含量提高，是预防脐腐病时进行叶面喷洒的钙肥，有助于培育健康的果实，提高采收量。

使用方法、注意事项 从开花到果实长到乒乓球那么大的时期，对各个花穗每周喷 1 次，花、果实周边的茎叶也要充分地喷洒到并喷湿，连续喷 3~4 次。要注意栽培土壤不能过于酸化或过于干旱。

帕拜尼卡 V 喷剂

成 分 除虫菊酯

种 类 杀虫剂

剂 型 喷剂

作 用 触杀

生产者 住友化学园艺

可使用的主要蔬菜 草莓、甘蓝、黄瓜、小油菜、番茄、茄子、樱桃番茄

有效果的主要害虫 菜青虫、蚜虫、小菜蛾、粉虱、二十八星瓢虫、叶螨

特征 天然除虫菊的提取物，可用于有机农产品栽培（有机 JAS）。作为天然型药剂，速效性好，是难得的杀虫剂，但见光和热后迅速分解。除蚜虫、叶螨外，还对菜青虫、小菜蛾、二十八星瓢虫等有好的防治效果。

使用方法、注意事项 不用稀释，在虫害发生初期就可直接喷洒植株。番茄、樱桃番茄、草莓、黄瓜、茄子可使用到采收前 1 天，甘蓝、小油菜可使用到采收前 7 天。

拜尼卡马鲁到喷剂

成 分 还原淀粉糖化物

种 类 杀虫杀菌剂

剂 型 喷剂

作 用 物理防治

生产者 住友化学园艺

可使用的主要蔬菜 草莓、黄瓜、番茄、茄子等果菜类，甘蓝、白菜等叶菜类，萝卜等根菜类，甘薯、马铃薯等薯类，香草类

有效果的主要病虫害 白粉病、蚜虫、粉虱、叶螨

特征 食品的还原淀粉糖化物，可用于有机农产品栽培（有机 JAS）。无臭味，从成长期到采收前 1 天能使用多次。所有的蔬菜类、香草类都能使用，对蚜虫、叶螨、粉虱、白粉病有好的防治效果。

使用方法、注意事项 不用稀释，可直接喷洒植株。在病虫害发生初期充分喷洒，把害虫或病原菌包围并粘住，使害虫不能活动，每隔 5~7 天连续喷洒的防治效果更好。草莓在高温时段易出现药害，所以不能在草莓上使用。

来台明液剂

成 分 香菇菌丝体提取物

种 类 杀菌剂
剂 型 液剂
作 用 预防
生产者 住友化学园艺、野田食用菌等

可使用的主要蔬菜 黄瓜、西瓜、辣椒、番茄、樱桃番茄、甜瓜

有效果的主要病害 花叶病毒病

特征 其成分是天然的香菇菌丝体提取物，可用于有机农产品栽培（有机 JAS）。这种有效成分能覆盖植株，防止病毒侵入；也可用于修剪、整枝等管理操作前对手指、剪刀等器具的消毒。

使用方法、注意事项 用水稀释 10 倍，装入喷雾瓶或喷雾器中，在移植、摘芽、引缚等作业之前喷洒整株，在管理植株时把手、剪刀等浸入原液中浸泡后再进行操作。

{ 化学合成药剂 }

阿地安乳剂

成 分 氯菊酯

种 类 杀虫剂
剂 型 乳剂
作 用 触杀
生产者 住友化学、产经化学等

可使用的主要蔬菜 草莓、黄瓜、苦瓜、牛蒡、豌豆、西葫芦、玉米、番茄、茄子、大葱、甜椒

有效果的主要害虫 菜青虫、蚜虫、玉米螟、椿象、粉虱、伪瓢虫、潜叶蝇、甘蓝夜蛾

特征 具有速效性，是能抑制产卵和阻碍寄生等特殊忌避作用的杀虫剂。对蚜虫、椿象、粉虱等吸食植物汁液的害虫，以及菜青虫、伪瓢虫、甘蓝夜蛾等食害性害虫等有很好的防治效果。可应用于绝大多数的蔬菜。

使用方法、注意事项 用水稀释 2000~4000 倍（根据植物而异），装入喷雾瓶或喷雾器内，在害虫发生初期，以发生部位为中心进行细致地喷雾。

阿法木乳剂

成 分 甲氨基阿维菌素苯甲酸盐

种 类 杀虫剂
剂 型 乳剂
作 用 触杀、胃毒
生产者 新阶多等

可使用的主要蔬菜 草莓、秋葵、甘蓝、黄瓜、萝卜、小白菜、番茄、茄子、嫩茎花椰菜、生菜

有效果的主要害虫 菜青虫、蓟马、烟青虫、金凤蝶、小菜蛾、叶螨、潜叶蝇、甘蓝夜蛾

特征 是对蝶或蛾类的害虫、蓟马等有很好的防治效果的杀虫剂，可抑制害虫的神经系统，使害虫停止取食而死亡。虽然也具有触杀作用，但是胃毒作用更明显。

使用方法、注意事项 用水稀释 1000~2000 倍（根据植物而异），装入喷雾瓶或喷雾器中，在虫害的发生初期进行喷雾。喷洒时应以发生部位为中心细致地喷洒，注意不能喷到汽车等的烤漆面（会产生污损）。

阿鲁巴林颗粒水溶剂

成　分　呋虫胺

种　类　杀虫剂
剂　型　水溶剂
作　用　触杀、内吸
生产者　阿格劳卡乃绍等

可使用的主要蔬菜　甘蓝、黄瓜、豌豆、马铃薯、萝卜、番茄、茄子、大葱、白菜、菠菜、生菜

有效果的主要害虫　菜青虫、蓟马、蚜虫、瓜叶虫、小菜蛾、粉虱、西伯利亚葱谷蛾、甘蓝夜蛾

特征　广谱性的杀虫剂。由于具有内吸性，喷到茎叶上的有效成分可在植株体内传导，杀虫效果有持续性。对抗性害虫也有较好的防治效果；对菜青虫、小菜蛾等食害性害虫和蚜虫、粉虱等吸食植物汁液的害虫也有很好的防治效果。

使用方法、注意事项　用水稀释 1000~3000 倍（根据植物而异），装入喷雾瓶或喷雾器内，在虫害发生初期，以发生部位为中心细致地对植株进行喷洒。对即将间苗的菜、采收后接着食用的菜不能使用。

伏隆洒得粉剂

成　分　氟啶胺

种　类　杀菌剂
剂　型　粉剂
作　用　预防
生产者　住友化学园艺、石原产业等

可使用的主要蔬菜　芜菁、甘蓝、小油菜、马铃薯、萝卜、韭菜、大葱、洋葱、白菜、嫩茎花椰菜、花生、生菜

有效果的主要病害　黄化病、菌核病、茎腐病、小菌核腐烂病、条斑病、白绢病、疮痂病、苗立枯病、根肿病、凋萎病

特征　只是混入土壤中，就可对土壤进行杀菌、消毒的土壤杀菌剂。对马铃薯疮痂病，十字花科蔬菜根肿病，甘蓝的立枯病、菌核病，大葱白绢病等多数病害有很好的预防效果。

使用方法、注意事项　在播种前或栽植前把粉状的药剂均匀地撒在土壤表面，然后旋耕深度达 15 厘米左右，和土壤充分混合。预防大葱、韭菜、花生的白绢病时可撒在植株基部。为防止混合不均匀，刚下过雨之后不要撒药。

克菌丹可湿性粉剂

成　分　克菌丹

种　类　杀菌剂
剂　型　可湿性粉剂
作　用　预防
生产者　住友化学园艺、产经化学等

可使用的主要蔬菜　草莓、菜豆、南瓜、黄瓜、牛蒡、西瓜、洋葱、番茄、白菜、甜瓜

有效果的主要病害　疫病、褐斑病、黑斑病、炭疽病、蔓枯病、苗立枯病、灰霉病、叶霉病、霜霉病、芽枯病

特征　对由真菌引起的发生很普遍的病害具有很好的预防效果，是代表性的保护性杀菌剂。其有效成分能覆盖植株表面，防止病原菌孢子萌发和菌丝侵入。用于蔬菜类种子消毒、用喷壶喷淋土壤时，对土壤病害也有很好的预防效果。

使用方法、注意事项　用水稀释 300~1200 倍（根据植物而异），装入喷雾瓶或喷雾器内，在发病初期对整株进行喷洒。因为草莓在高温时段喷洒易出现药害，所以要在凉爽的早晨、傍晚喷洒。

奥特兰可湿性粉剂

成分 乙酰甲胺磷

种类 杀虫剂
剂型 可湿性粉剂
作用 触杀、内吸
生产者 住友化学园艺、住友化学等

可使用的主要蔬菜 豌豆、秋葵、甘蓝、马铃薯、生姜、洋葱、玉米、胡萝卜、白菜、生菜

有效果的主要害虫 菜青虫、蚜虫、玉米螟、烟青虫、芜菁叶蜂、伪瓢虫、甘蓝夜蛾

特征 杀虫谱广的杀虫剂，具有内吸性，喷到茎叶上的有效成分可在植株体内传导，即使喷得不均匀，也有好的防治效果。防治害虫的持效期长。对食害性害虫和吸食植物汁液的害虫都有效。

使用方法、注意事项 用水稀释 1000~2000 倍（根据植物而异），装入喷雾瓶或喷雾器内，在虫害发生初期，以发生部位为中心对整株进行细致地喷洒。

注意：中国现已禁止乙酰甲胺磷在蔬菜上应用，可用吡虫啉代替。

奥特兰颗粒剂

成分 乙酰甲胺磷

种类 杀虫剂
剂型 颗粒剂
作用 内吸
生产者 住友化学园艺

可使用的主要蔬菜 豌豆、芜菁、甘蓝、黄瓜、马铃薯、萝卜、番茄、白菜、甜椒、嫩茎花椰菜

有效果的主要害虫 菜青虫、蓟马、蚜虫、金龟甲的幼虫、小菜蛾、粉虱、黄地老虎、甘蓝夜蛾等

特征 广谱性的杀虫剂，具有内吸性，从根部吸收的有效成分可在植株体内传导，保护蔬菜免受害虫为害。对蚜虫、粉虱、蓟马等吸食植物汁液的害虫，还有菜青虫、甘蓝夜蛾、黄地老虎等食害性害虫等有好的防治效果。

使用方法、注意事项 定植前在穴内按每株撒施颗粒状药剂 1~1.2 克（如番茄、甘蓝），然后栽植苗。因为土壤有相应湿度时药效发挥快，所以在栽植后要适当地浇水。即将间苗的、采收后接着食用的蔬菜不能使用。

注意：中国现已禁止乙酰甲胺磷在蔬菜上应用，可用吡虫啉、高效氯氟氰菊酯等代替。

卡斯开特乳剂

成分 氟虫脲

种类 杀虫剂
剂型 乳剂
作用 触杀
生产者 日本工业协会、巴斯夫等

可使用的主要蔬菜 南瓜、甘蓝、黄瓜、苦瓜、小油菜、西瓜、番茄、茄子、白菜

有效果的主要害虫 菜青虫、蓟马、烟青虫、叶螨、潜叶蝇、甘蓝夜蛾

特征 阻碍昆虫几丁质合成的杀虫剂，对摄取有效成分的雌成虫产的卵具有抑制孵化的作用。虽然防效表现得慢，但有残效性，对植物的药害也少。

使用方法、注意事项 用水稀释 1000~6000 倍（根据植物而异），装入喷雾瓶或喷雾器内，在虫害发生初期对整株进行喷洒，叶片背面也要喷洒到，茄子中的"千两2号""水茄"不能使用（会产生药害）。

家庭园艺用杀螟松乳剂

成分 杀螟松

种类 杀虫剂
剂型 乳剂
作用 触杀
生产者 住友化学园艺

可使用的主要蔬菜 毛豆、豌豆、马铃薯、蚕豆、番茄、茄子、大葱、花生

有效果的主要害虫 蓟马、蚜虫、甘薯麦蛾、椿象、二十八星瓢虫、西伯利亚葱谷蛾、卷叶蛾、豆小卷叶蛾、甘蓝夜蛾

特征 对大面积发生的害虫具有防治作用的代表性杀虫剂。杀虫效果具有速效性，适用的害虫有蚜虫、椿象、二十八星瓢虫、甘蓝夜蛾、蓟马、西伯利亚葱谷蛾、甘薯麦蛾等害虫。可广泛用于蔬菜、果树、花卉、庭园树、草坪等植物。

使用方法、注意事项 用水稀释 50~2000 倍（根据植物而异），装入喷雾瓶或喷雾器内，在虫害发生初期对整株进行喷洒，但不能喷洒十字花科蔬菜（会产生药害），也不能喷到汽车等的烤漆面上（会产生污损）。

家庭园艺用马拉硫磷乳剂

成分 马拉硫磷

种类 杀虫剂
剂型 乳剂
作用 触杀
生产者 住友化学园艺

可使用的主要蔬菜 芜菁、黄瓜、菜豆、豌豆、番茄、胡萝卜、白菜、嫩茎花椰菜、甜瓜

有效果的主要害虫 菜青虫、蚜虫、瓜叶虫、芜菁叶蜂、金龟甲、潜叶蝇、叶螨、蝗虫

特征 对植物的药害少，对多数害虫有很好的防治效果的代表性杀虫剂。对蚜虫、叶螨、芜菁叶蜂、菜青虫、金凤蝶、金龟甲、蝗虫等都适用，从蔬菜到花卉、果树等都可使用。

使用方法、注意事项 用水稀释 1000~3000 倍（根据植物而异），装入喷雾瓶或喷雾器中，在虫害发生初期，对以发生部位为中心的植株进行细致地喷洒，叶片背面也要喷洒到。不能和波尔多液等碱性药剂混用。

樟油乳剂

成分 嗪氨灵

种类 杀菌剂
剂型 乳剂
作用 预防、治疗
生产者 住友化学园艺

可使用的主要蔬菜 草莓、黄瓜、豌豆、番茄、茄子、大葱、甜椒、甜瓜

有效果的主要病害 白粉病、黑星病、锈病、白锈病、灰星病、叶霉病

特征 渗透性杀菌剂，兼有防止病原菌侵入的预防效果和杀灭侵入植物体内的病原菌的治疗效果。可用于防治大葱锈病，黄瓜、草莓、豌豆白粉病等，喷药后对叶片也无污染。

使用方法、注意事项 用水稀释 800~2000 倍（根据植物而异），装入喷雾瓶或喷雾器内，在发病初期对整株进行喷洒。因为甜瓜、草莓有时出现药害，所以要严格遵守规定的使用浓度。

产经马拉硫磷乳剂

成分 马拉硫磷

种 类 杀虫剂
剂 型 乳剂
作 用 触杀
生产者 产经化学

可使用的主要蔬菜 草莓、芜菁、南瓜、甘蓝、黄瓜、萝卜、番茄、大葱、白菜

有效果的主要害虫 菜青虫、蚜虫、瓜叶虫、芜菁叶蜂、金凤蝶、金龟甲、蝗虫、叶螨、甘蓝夜蛾

特征 对植物很少出现药害，对多数害虫有防效的代表性杀虫剂。可用于蚜虫、叶螨、芜菁叶蜂、菜青虫、金凤蝶、金龟甲幼虫、蝗虫等的防治，从蔬菜到花卉、果树等都可使用。

使用方法、注意事项 用水稀释 1000~3000 倍（根据植物而异），装入喷雾瓶或喷雾器中，在虫害发生初期，对以发生部位为中心及叶片背面等处细致地进行喷洒。不能和波尔多液等碱性药剂混用。

西维因颗粒剂

成分 西维因

种 类 杀虫剂
剂 型 颗粒剂
作 用 触杀
生产者 住友化学园艺、三明化学等

可使用的主要蔬菜 玉米

有效果的主要害虫 玉米螟、大螟

特征 对取食未成熟玉米的茎和果实，排出茶色粪便的玉米螟有很好的防治效果。是专业农民使用的专用药剂，也可防治取食为害玉米的大螟。

使用方法、注意事项 在植株顶端的雄穗和雌穗抽出时，把药粒少量地撒在穗上和叶基部，不要有遗漏。

星来颗粒水溶剂

成分 呋虫胺

种 类 杀虫剂
剂 型 水溶剂
作 用 触杀、内吸
生产者 北兴化学工业、三井化学阿格劳等

可使用的主要蔬菜 甘蓝、黄瓜、小油菜、萝卜、番茄、茄子、大葱、白菜、芝麻菜、生菜

有效果的主要害虫 菜青虫、蓟马、蚜虫、黄曲条跳甲、粉虱、甘蓝

特征 对多数害虫有防效的杀虫剂。具有内吸性，从叶片吸收的有效成分可在植株体内传导，害虫为害植株时可被杀死。对蚜虫、粉虱、蓟马等刺吸植物汁液的害虫，以及黄曲条跳甲、甘蓝夜蛾等食害性害虫都有很好的防治效果。

使用方法、注意事项 用水稀释 1000~3000 倍（根据植物而异），装入喷雾瓶或喷雾器内，在虫害发生初期，对以发生部位为中心的植株进行细致地喷雾，叶片背面也要喷到。

二嗪农颗粒剂

成分 二嗪农

种类 杀虫剂

剂型 颗粒剂

作用 触杀

生产者 住友化学园艺、产经化学

可使用的主要蔬菜 南瓜、甘蓝、黄瓜、甘薯、萝卜、番茄、茄子、大葱、白菜、嫩茎花椰菜、甜瓜

有效果的主要害虫 瓜叶虫的幼虫、蝼蛄、蟋蟀、金龟甲的幼虫、种蝇、黄地老虎等

特征 可杀死潜入土壤中的金龟甲幼虫、黄地老虎和寄生为害黄瓜、南瓜的瓜叶虫幼虫的土壤害虫杀虫剂。其有效成分能通过气化作用而在土壤中扩散，可有效消灭害虫。只要混入土壤中就可持续地发挥杀虫效果，保护蔬菜的根。

使用方法、注意事项 在栽植甘薯和番茄前，或播种萝卜前，把药粒按每平方米撒施 6~9 克（根据植物而异）混入土壤中掺匀。在甘蓝、嫩茎花椰菜的生长期间使用时，应把药粒撒入栽植沟内，轻轻地和土壤掺和一下。

百菌清

成分 百菌清

种类 杀菌剂

剂型 水乳剂

作用 预防

生产者 住友化学园艺、住友化学等

可使用的主要蔬菜 秋葵、甘蓝、黄瓜、苦瓜、西葫芦、萝卜、洋葱、番茄、茄子、大葱、白菜

有效果的主要病害 白粉病、疫病、黑星病、锈病、白锈病、炭疽病、蔓枯病、苗立枯病、灰霉病、斑点病、霜霉病

特征 对多种病害有防效的综合性杀菌剂。其有效成分能覆盖植株表面，防止病原菌的孢子萌发或菌丝侵入。具有很好的持续性，可长期预防病害，按照使用说明进行使用，则无药害。也可撒入土壤中用于预防苗立枯病等病害。药剂为液体，容易计量。

使用方法、注意事项 用水稀释 500~2000 倍（根据植物而异），装入喷雾瓶或喷雾器中，在发病初期对整株进行喷洒。应注意在稀释之前把盛药的容器充分摇晃混匀，并且要避开夏季高温时段用药。

土菌消粉剂

成分 3-羟基-5 甲基异噁唑

种类 杀菌剂

剂型 粉剂

作用 预防

生产者 三井化学阿格劳等

可使用的主要蔬菜 西瓜、菠菜

有效果的主要病害 立枯病、苗立枯病、根腐病

特征 对苗立枯病、立枯病、根腐病等土壤病害是防效很好的土壤杀菌剂，基本不受土壤种类、酸碱度等条件的影响，防治效果比较稳定，在土壤中的移动或流失也极少。

使用方法、注意事项 若用于菠菜，应在播种之前，把药粉按每平方米土壤 40 克的用量均匀撒施，并掺混均匀，使土壤表层 15 厘米左右都含药粉。

螨太郎

成 分 联苯菊酯

种 类 杀虫剂
剂 型 水乳剂
作 用 触杀
生产者 住友化学园艺

可使用的主要蔬菜 草莓、黄瓜、花椒（叶）、紫苏、鼠尾草、番茄、罗勒、甜瓜、香蜂花、迷迭香

有效果的主要害虫 神泽氏叶螨、番茄刺皮瘿螨、棉叶螨、叶螨

特征 能有效地防治各种叶螨、锈螨的杀虫剂，可在繁殖力旺盛、难以防治的叶螨的各个生育阶段（卵、幼虫、成虫）发挥作用，药效持续。对蜜蜂等有益昆虫和植绥螨等螨类的天敌影响小。药剂为液体，容易计量。

使用方法、注意事项 用水稀释 1000~1500 倍（根据植物而异），装入喷雾瓶或喷雾器内，在虫害发生初期对整株进行喷洒。叶螨主要寄生于叶片背面，所以叶片两面都要充分地喷洒到。注意在稀释之前应把盛药的容器充分摇晃混匀。

甲基托布津

成 分 甲基托布津

种 类 杀菌剂
剂 型 水乳剂
作 用 预防、治疗
生产者 住友化学园艺、日本曹达株式会社等

可使用的主要蔬菜 黄瓜、洋葱、番茄、茄子

有效果的主要病害 褐斑病、菌核病、黑星病、黑斑病、炭疽病、灰霉病、灰色腐烂病、叶霉病、叶枯病

特征 对由真菌引起的多种病害都有很好的防治效果，是具有防止病原菌侵入和杀死已侵入植物体内病原菌的治疗效果的渗透性杀菌剂。按使用说明进行使用对植物无药害。药剂为液体，容易计量。

使用方法、注意事项 用水稀释 600~2000 倍（根据植物而异），装入喷雾瓶或喷雾器内，在发病初期对整株进行喷洒。注意在稀释之前把盛药的容器充分摇晃混匀，不能与波尔多液、圣波尔多等无机铜制剂混用。

毒纳特

成 分 聚乙醛

种 类 杀虫剂
剂 型 颗粒剂
作 用 引诱杀虫
生产者 住友化学园艺

可使用的主要蔬菜 甘蓝、生菜

有效果的主要害虫 蜗牛、蛞蝓

特征 引诱蛞蝓出来取食而将其杀灭的杀虫剂。用特殊制法制造的药粒，就算遇水也不易裂开，即使是在雨多的时期，效果也可持续 1~2 周。傍晚时将药零散地撒在植株基部，1 个晚上就可显现效果，可使甘蓝和生菜免受蛞蝓为害。

使用方法、注意事项 在蛞蝓开始活动的傍晚，把药粒零散地撒在植株基部的土壤表面，每平方米撒施 1~3 克。刚下过雨后施用效果更好。因为白天干旱时蛞蝓潜藏着，这段时间不要使用。

纳莫鲁特乳剂

成 分 伏虫隆

种 类 杀虫剂

剂 型 乳剂

作 用 触杀

生产者 协友阿格利、日本农业等

可使用的主要蔬菜 甘蓝、甘薯、萝卜、番茄、茄子、大葱、白菜、嫩茎花椰菜、菠菜、生菜

有效果的主要害虫 菜青虫、小菜蛾、粉虱、豆荚螟、豆银纹夜蛾、斜纹夜蛾等

特征 对蝶类或蛾类害虫有防治效果的杀虫剂。其杀虫机理是阻碍昆虫蜕皮。喷洒后对害虫的卵也有防效，对已产生抗性的害虫有一定的效果。对天敌和授粉昆虫的影响很小。

使用方法、注意事项 用水稀释 1000~30000 倍（根据植物而异），装入喷雾瓶或喷雾器内，对整株进行喷洒。因为害虫长大时取食量增加，所以要在低龄幼虫期、在虫害发生初期喷洒药剂。对蚜虫的防效差。

地虫饵

成 分 氯菊酯

种 类 杀虫剂

剂 型 颗粒剂

作 用 引诱杀虫

生产者 住友化学园艺

可使用的主要蔬菜 毛豆、甘蓝、黄瓜、萝卜、洋葱、番茄、茄子、大葱、白菜、嫩茎花椰菜、菠菜、生菜

有效果的主要害虫 黄地老虎、小地老虎等地下害虫

特征 把藏在土壤中的地下害虫引诱出来，取食而将其杀死的杀虫剂。有速效性，傍晚时撒在植株基部，1 个晚上就可显现效果。可保护刚栽植后或刚发芽的植株免受害虫为害，所以能有效地防止植株受害。可在 40 多种植物上使用。

使用方法、注意事项 在黄地老虎等地下害虫开始活动的傍晚，把药粒撒在植株基部的土壤表面，每平方米撒施 3 克左右（根据植物而异）。在栽植苗后或播种后使用，更有效果。即将间苗的菜、采收后接着吃的菜不能使用。

线虫王颗粒剂

成 分 噻唑膦

种 类 杀虫剂

剂 型 颗粒剂

作 用 触杀、内吸

生产者 石原生物科学等

可使用的主要蔬菜 草莓、秋葵、黄瓜、苦瓜、甘薯、马铃薯、番茄、茄子、胡萝卜、日本薯蓣

有效果的主要害虫 蓟马、蚜虫、马铃薯胞囊线虫、根腐线虫、根结线虫

特征 对根结线虫、根腐线虫等有很好的防治效果的杀虫剂。处理后接着就可进行播种或定植。具有内吸性，可阻止线虫从根部入侵，也抑制了根内线虫的生长发育。对蚜虫、蓟马也具有兼治作用。

使用方法、注意事项 在播种前或定植前，把药粒均匀地撒到土壤表面，细致地掺混均匀。如果撒得不均匀或在土壤中掺和不均匀时，防治效果就不理想，或者有时出现药害，所以要注意。

来福绿

成分 乙螨唑

种类	杀虫剂
剂型	悬浮剂
作用	触杀
生产者	住友化学园艺、协友阿格利等

可使用的主要蔬菜 红小豆、草莓、黄瓜、甘薯、冬瓜、茄子、甜瓜

有效果的主要害虫 神泽氏叶螨、棉叶螨、叶螨

特征 对叶螨的卵有很好的杀灭效果，阻碍幼虫、若虫蜕皮从而杀灭害虫。残效期长，可长时间地抑制害虫繁殖。对植物药害少，黄瓜、茄子、草莓、西瓜、甜瓜在采收前1天还可使用。果树、庭园树、观叶植物也可使用。

使用方法、注意事项 用水稀释1000~3000倍（根据植物而异），装入喷雾瓶或喷雾器内，在虫害发生初期对整株进行喷洒。对叶螨寄生的叶片背面要特别留意，叶片正反两面都要充分地喷洒到。注意在稀释前把盛药的容器充分摇晃均匀。

潘乔 TF 水分散粒剂

成分 环氟菌胺·氟菌唑

种类	杀菌剂
剂型	水分散粒剂
作用	预防、治疗
生产者	住友化学园艺、日本曹达株式会社等

可使用的主要蔬菜 草莓、南瓜、黄瓜、苦瓜、西瓜、西葫芦、番茄、茄子、甜椒、樱桃番茄、甜瓜

有效果的主要病害 白粉病、灰星病

特征 是由2种成分混配的内吸性杀菌剂。对黄瓜、南瓜、草莓、茄子等的白粉病有很好的防治效果。对现有药剂产生耐药性的白粉病也有很好的防治效果。兼有对病害的预防效果和杀灭侵入植物体内的病原菌的治疗效果。耐雨水冲刷性强，持效期长。

使用方法、注意事项 用水稀释2000~4000倍（根据植物而异），装入喷雾瓶或喷雾器内，在发病初期对整株进行喷洒。在瓜类植物的幼苗期使用有时出现生长发育被抑制的情况，所以使用时应避开幼苗期。

氯虫苯甲酰胺

成分 氯虫苯甲酰胺

种类	杀虫剂
剂型	悬浮剂
作用	触杀、胃毒
生产者	日产化学工业、北兴化学工业等

可使用的主要蔬菜 甘蓝、黄瓜、辣椒、玉米、番茄、茄子、大葱、白菜、甜椒

有效果的主要害虫 菜青虫、烟青虫、芜菁叶蜂、小菜蛾、粉虱、潜叶蝇、甘蓝夜蛾

特征 对蝶、蛾、蝇、甲虫类等多种害虫有很好的防治效果的杀虫剂。使用后害虫很快就停止取食，保护植株免受害虫为害。对已经产生抗性的害虫也有好的防治效果，药效的持续期长。

使用方法、注意事项 用水稀释1000~4000倍（根据植物而异），装入喷雾瓶或喷雾器内，在虫害发生初期对整株进行喷洒。喷洒时加上展着剂，效果会更好。注意在稀释之前把盛药的容器充分摇晃均匀。

佳导颗粒剂

成分 烯啶虫胺

种类 杀虫剂

剂型 颗粒剂

作用 内吸

生产者 住友化学园艺、住友化学等

可使用的主要蔬菜 草莓、黄瓜、茼蒿、西瓜、番茄、茄子、大葱、甜椒、樱桃番茄、生菜、冬葱

有效果的主要害虫 蓟马、蚜虫、粉虱、潜叶蝇、豌豆潜叶蝇

特征 对蚜虫、蓟马、粉虱等吸食植物汁液的害虫有好的防治效果的杀虫剂,持效期1~2个月,可长时间地保护植株免受害虫为害。对已产生抗性的蚜虫或番茄的豌豆潜叶蝇也有好的防治效果。

使用方法、注意事项 定植前在定植穴中每株(如番茄、茄子、黄瓜、甜椒)撒施1~2克后再栽苗。因为土壤湿润能更快地显现效果,所以在栽植后要适度地浇水。

拜尼卡 S 乳剂

成分 氯菊酯

种类 杀虫剂

剂型 乳剂

作用 触杀

生产者 住友化学园艺

可使用的主要蔬菜 甘蓝、萝卜、洋葱、辣椒、玉米、大葱、甜椒、嫩茎花椰菜、生菜

有效果的主要害虫 菜青虫、玉米螟、烟青虫、毛虫、西伯利亚葱谷蛾、萝卜食心虫、大豆食心虫、甘蓝夜蛾等

特征 对菜青虫、甘蓝夜蛾、烟青虫、萝卜食心虫、玉米螟等蝶和蛾类的害虫有很好的防治效果的杀虫剂,是蔬菜生产农户常使用的药剂,具有速效性和持续性,可有效杀灭害虫。

使用方法、注意事项 用水稀释100~400倍(根据植物而异),装入喷雾瓶或喷雾器中,在虫害发生初期对整株进行喷洒。注意稀释前把盛药的容器充分摇晃混匀。

拜尼卡 × 精佳喷剂

成分 噻虫胺(杀虫)·甲氰菊酯(杀虫)·嘧菌胺(杀菌)

种类 杀虫杀菌剂

剂型 喷剂

作用 触杀、内吸性(杀虫),预防(杀菌)

生产者 住友化学园艺

可使用的主要蔬菜 黄瓜、番茄、茄子等

有效果的主要病害虫 白粉病、黑星病、灰霉病、蚜虫、毛虫、粉虱、叶螨、潜叶蝇、甘蓝夜蛾

特征 由杀虫成分(2种)和杀菌成分混配而成的杀虫杀菌剂,对害虫有速效性和持续性,对蚜虫有约1个月的防治效果。杀菌成分可渗透到叶片背面,防止病原菌入侵,从而预防病害发生。

使用方法、注意事项 不用稀释,在病虫害发生初期,直接用喷剂对整株以发生部位为中心进行细致地喷洒。注意使用前把喷剂充分摇晃使之均匀。

拜尼卡绿 V 喷剂

成 分 甲氰菊酯（杀虫）·腈菌唑（杀菌）

种 类 杀虫杀菌剂

剂 型 喷剂

作 用 触杀（杀虫），预防、治疗（杀菌）

生产者 住友化学园艺

可使用的主要蔬菜 草莓、黄瓜、番茄、茄子等

有效果的主要病、害虫 白粉病、白锈病、叶霉病、菜青虫、蚜虫、粉虱、叶螨、甘蓝夜蛾

特征 是杀虫成分和杀菌成分混配的杀虫杀菌剂，具有速效性，能快速地杀灭害虫，具有内吸性，对病害可有预防和治疗效果。对蚜虫、粉虱、甘蓝夜蛾、叶螨、白粉病、叶霉病、白锈病等病虫害有较好的防治效果。

使用方法、注意事项 不用稀释，在病虫害发生初期直接用喷剂对整株以发生部位为中心进行细致地喷洒。在叶螨生存密度大时再防治，效果就差了，所以应在其刚开始发生时就立即进行喷洒。

拜尼卡水溶剂

成 分 噻虫胺

种 类 杀虫剂

剂 型 水溶剂

作 用 触杀、内吸

生产者 住友化学园艺

可使用的主要蔬菜 毛豆、秋葵、甘蓝、黄瓜、马铃薯、萝卜、番茄、茄子、大葱、甜椒、嫩茎花椰菜、樱桃番茄、生菜

有效果的主要害虫 菜青虫、蚜虫、瓜叶虫、椿象、小菜蛾、二十八星瓢虫、葱蓟马、潜叶蝇

特征 有效成分被叶片吸收后，杀虫效果可持续发挥（蚜虫约为 1 个月）的内吸性杀虫剂。对已有抗性的害虫也有好的防效。对椿象、粉虱等吸食植物汁液的害虫和菜青虫、瓜叶虫、潜叶蝇等食害性害虫等都有很好的防治效果。

使用方法、注意事项 用水稀释 20~4000 倍（根据植物而异），装入喷雾瓶或喷雾器中，在虫害发生初期对整株进行喷洒，番茄、樱桃番茄、茄子、黄瓜、甜椒、秋葵等可使用至采收前 1 天，菜青虫要在若龄幼虫时使用效果好。

拜尼卡拜吉夫路喷剂

成 分 噻虫胺

种 类 杀虫剂

剂 型 气雾剂

作 用 触杀、内吸

生产者 住友化学园艺

可使用的主要蔬菜 毛豆、芜菁、南瓜、甘蓝、小油菜、萝卜、番茄、茄子、大葱、白菜、嫩茎花椰菜

有效果的主要害虫 菜青虫、蚜虫、瓜叶虫、椿象、粉虱、二十八星瓢虫、葱蓟马

特征 有速效性和持效性，是对多种害虫有防效的内吸性杀虫剂。对其他药剂已产生抗性的蚜虫也有防效。防治蚜虫、椿象的持效期可达 1 个月。可在番茄、茄子、黄瓜、甘蓝、嫩茎花椰菜、大葱、毛豆、萝卜、芜菁等受欢迎的蔬菜上使用。

使用方法、注意事项 不用稀释，在虫害发生初期直接对整株进行喷洒。对已长大的菜青虫防治效果差，所以应在刚发现其低龄幼虫时就进行喷洒。毛豆上的椿象，在梅雨季节初期时喷洒，防治效果好。

拜尼卡拜吉夫路 V 喷剂

成分 噻虫胺·腈菌唑

种类	杀虫杀菌剂
剂型	喷剂
作用	触杀、内吸（杀虫）、预防、治疗（杀菌）
生产者	住友化学园艺

可使用的主要蔬菜 黄瓜、番茄、茄子、甜椒、樱桃番茄

有效果的主要病、害虫 白粉病、白锈病、叶霉病、菜青虫、蚜虫、椿象、毛虫、粉虱

特征 对害虫防治有速效性和持效性，对病害有预防和治疗效果的杀虫杀菌剂。杀虫成分具有内吸性，对蚜虫持效期可达 1 个月。对其他药剂已产生抗性的害虫也有好的防治效果。除番茄、茄子、黄瓜等蔬菜外，在柿子等果树上也可使用。

使用方法、注意事项 不用稀释，在病虫害发生初期对整株进行喷洒。可以长时间保护蔬菜免受蚜虫为害，所以从栽培季节开始时使用，效果会更好。对已长大的菜青虫防治效果差，所以在刚发现时就应立即进行喷洒。

苯菌灵可湿性粉剂

成分 苯菌灵

种类	杀菌剂
剂型	可湿性粉剂
作用	预防、治疗
生产者	住友化学园艺、住友化学等

可使用的主要蔬菜 龙须菜、草莓、甘蓝、黄瓜、洋葱、番茄、茄子、大葱、白菜、荷兰芹、菠菜

有效果的主要病害 萎蔫病、白粉病、茎基腐病、菌核病、立枯病、炭疽病、蔓枯病、瓜类枯萎病、灰霉病、白斑病、茄子黄萎病

特征 对白粉病、灰霉病、菌核病等真菌引起的多数病害有效，是兼有预防病原菌入侵和杀死已侵入植物体内的病原菌的内吸性杀菌剂。施入土壤后，对立枯病等土壤病害有预防侵染的效果。

使用方法、注意事项 用水稀释 50~4000 倍（根据植物而异），装入喷雾瓶或喷雾器中，在发病初期对整株进行喷洒，与二嗪农乳剂混用时会出现凝固物，所以要注意。

毛斯皮兰颗粒剂

成分 啶虫脒

种类	杀虫剂
剂型	颗粒剂
作用	内吸
生产者	住友化学园艺、日本曹达株式会社等

可使用的主要蔬菜 草莓、甘蓝、黄瓜、荷兰芹、小白菜、番茄、茄子、大葱、白菜、嫩茎花椰菜、生菜

有效果的主要害虫 菜青虫、蓟马、蚜虫、烟青虫、小菜蛾、粉虱、萝卜食心虫

特征 是对蚜虫的防效可达 1~2 个月的内吸性杀虫剂。除对蚜虫、蓟马、粉虱等吸食植物汁液的害虫有好的防治效果外，对菜青虫、小菜蛾等害虫的若龄幼虫、萝卜食心虫也有好的防治效果。

使用方法、注意事项 定植前在定植穴内每株（如番茄、茄子、甘蓝、嫩茎花椰菜）撒施 1 克后再栽植苗。因为土壤有一定湿度，药效发挥得快，所以栽植后要适度地浇水。

灭螨猛可湿性粉剂

成 分 喹喔啉系

种 类 杀虫杀菌剂

剂 型 可湿性粉剂

作 用 触杀、内吸（杀虫），预防、
治疗（杀菌）

生产者 住友化学园艺等

可使用的主要蔬菜 草莓、秋葵、南瓜、黄瓜、
苦瓜、紫苏、西瓜、番茄、茄子、甜椒、甜瓜

有效果的主要病虫害 白粉病、粉虱、茶黄螨、
叶螨、柑橘刺锈螨

特征 对白粉病有预防和治疗效果的杀虫杀菌剂，
可用于防治叶螨、茶黄螨、粉虱等害虫。适
用于番茄、茄子、黄瓜、甜椒、草莓、秋葵、苦瓜等
多种蔬菜。

使用方法、注意事项 用水稀释 1000~4000 倍（根据植物而异），
装入喷雾瓶或喷雾器内，在病虫害发生初期
对整株进行喷洒。在盛夏高温时段易出现药害，所以
要在规定的范围内施用低浓度药剂。

科佳

成 分 氰霜唑

种 类 杀菌剂

剂 型 悬浮剂

作 用 预防

生产者 石原生物科学

可使用的主要蔬菜 芜菁、甘蓝、黄瓜、小油菜、
萝卜、番茄、茄子、白菜、嫩茎花椰菜

有效果的主要病害 疫病、褐色腐烂病、白锈病、
十字花科蔬菜根肿病、霜霉病

特征 对小油菜、芜菁、萝卜等蔬菜白锈病和十字
花科蔬菜根肿病用低浓度就有预防效果。有
耐雨性和残效性，阻碍病原菌的各个生长发育阶段，
可降低下一代病原菌的密度。

使用方法、注意事项 用水稀释 250~2000 倍（根据植物而异），装
入喷雾瓶或喷雾器中，对整株进行喷洒。该
药以预防效果为主，所以要在发病前或发病初期进行
喷洒。注意在稀释之前把盛药的容器充分摇晃混匀。

病虫害种类及药剂对照表

对"使用药剂的防治"中列举的主要药剂、病害和害虫分别进行介绍。将蔬菜分为果菜类、叶菜类、香草类和根菜类，蔬菜名（植物名）则按本书记载的顺序进行介绍。

病害

蔬菜种类	病害名	植物名	主要的药剂
果菜类	白粉病	番茄	百菌清（化）、潘乔 TF 水分散粒剂（化）、拜尼卡马鲁到喷剂（天然）
		茄子	阿里赛夫（天然）、百菌清（化）、潘乔 TF 水分散粒剂（化）、拜尼卡绿 V 喷剂（化）、拜尼卡马鲁到喷剂（天然）
		黄瓜	阿里赛夫（天然）、施钾绿（天然）、百菌清（化）、潘乔 TF 水分散粒剂（化）、拜尼卡绿 V 喷剂（化）、拜尼卡拜吉夫路 V 喷剂（化）、拜尼卡马鲁到喷剂（天然）
		南瓜	百菌清（化）、潘乔 TF 水分散粒剂（化）、拜尼卡马鲁到喷剂（天然）、灭螨猛可湿性粉剂（化）
		豌豆	阿里赛夫（天然）、樟油乳剂（化）、拜尼卡马鲁到喷剂（天然）
	疫病	番茄	克菌丹可湿性粉剂（化）、圣波尔多（天然）、百菌清（化）
	黄化卷叶病①	番茄	阿里赛夫（天然）、佳导颗粒剂（化）、拜尼卡马鲁到喷剂（天然）
	脐腐病	番茄	预防番茄脐腐病喷剂（天然）
	煤污病①	甜椒	吡虫啉（化）、拜尼卡水溶剂（化）、拜尼卡马鲁到喷剂（天然）
	炭疽病	黄瓜	百菌清（化）、甲基托布津（化）、苯菌灵可湿性粉剂（化）
		苦瓜	百菌清（化）
	灰霉病	草莓	克菌丹可湿性粉剂（化）、施钾绿（天然）
	霜霉病	黄瓜	圣波尔多（天然）、百菌清（化）
	花叶病毒病①	南瓜	阿里赛夫（天然）、拜尼卡水溶剂（化）、拜尼卡拜吉夫路喷剂（化）、拜尼卡马鲁到喷剂（天然）
		西葫芦	阿地安乳剂（化）、拜尼卡马鲁到喷剂（天然）
叶菜类 香草类	白粉病	香蜂草	阿里赛夫（天然）、施钾绿（天然）、拜尼卡马鲁到喷剂（天然）
		黄春菊	阿里赛夫（天然）、施钾绿（天然）、拜尼卡马鲁到喷剂（天然）
	锈病	葱	施钾绿（天然）、樟油乳剂（化）、百菌清（化）
	白锈病	白菜	百菌清（化）
		小油菜	科佳（化）
	立枯病	菠菜	土菌消粉剂（化）
	软腐病	西芹	靠洒得波尔多（天然）
	霜霉病	洋葱	百菌清（化）
	花叶病毒病①	菠菜	家庭园艺用杀螟松乳剂（化）、拜尼卡马鲁到喷剂（天然）
根菜类	白锈病	芜菁	科佳（化）
		萝卜	百菌清（化）、科佳（化）
	疮痂病	马铃薯	伏隆洒得粉剂（化）
	花叶病毒病①	马铃薯	吡虫啉（化）、拜尼卡马鲁到喷剂（天然）

注：1.（天然）是指天然型药剂，（化）是指化学合成药剂。
　　2.没有适用药剂的病虫害省略了。
① 适用于黄化卷叶病、花叶病毒病、煤污病的药剂虽然没有，但对作为媒介传播病毒病的害虫，引起煤污病的害虫适用的药剂进行了介绍。

害虫

蔬菜种类	害虫名	植物名	主要的药剂
果菜类	蚜虫类	番茄	阿里赛夫（天然）、帕拜尼卡Ⅴ喷剂（天然）、拜尼卡绿Ⅴ喷剂（化）、拜尼卡拜吉夫路喷剂（化）、拜尼卡马鲁到喷剂（天然）
		甜椒	吡虫啉（化）、拜尼卡水溶剂（化）、拜尼卡马鲁到喷剂（天然）
	玉米螟	玉米	辛硫磷颗粒剂（化）、套阿涝可湿性粉剂（天然）、拜尼卡S乳剂（化）
	草莓根蚜	草莓	佳导颗粒剂（化）、拜尼卡绿Ⅴ喷剂（化）、毛斯皮兰颗粒剂（化）
	瓜叶虫	黄瓜	家庭园艺用马拉硫磷乳剂（化）[①]、二嗪农颗粒剂（化）[②]、拜尼卡拜吉夫路喷剂（化）[①]
		甜瓜	家庭园艺用马拉硫磷乳剂（化）[①]、辛硫磷颗粒剂（化）
		南瓜	产经马拉硫磷乳剂（化）[①]、辛硫磷颗粒剂（化）
	豌豆长管蚜	豌豆	阿里赛夫（天然）、阿鲁巴林颗粒水溶剂（化）、家庭园艺用杀螟松乳剂（化）、拜尼卡马鲁到喷剂（天然）
	烟青虫	番茄	卡斯开特乳剂（化）、赞塔里水分散粒剂（天然）
		茄子	菜喜水分散粒剂（天然）、赞塔里水分散粒剂（天然）、氯虫苯甲酰胺（化）
		甜椒	赞塔里水分散粒剂（天然）、拜尼卡S乳剂（化）
		玉米	赞塔里水分散粒剂（天然）、氯虫苯甲酰胺（化）
		辣椒	赞塔里水分散粒剂（天然）、拜尼卡S乳剂（化）
	温室白粉虱	番茄	阿里赛夫（天然）、拜尼卡水溶剂（化）、拜尼卡×精佳喷剂（化）、拜尼卡马鲁到喷剂（天然）
	黄地老虎	毛豆	地虫饵（化）
	神泽氏叶螨	茄子	螨太郎（化）、帕拜尼卡Ⅴ喷剂（天然）、来福绿（化）、拜尼卡马鲁到喷剂（天然）
	茶黄螨	茄子	阿里赛夫（天然）、灭螨猛可湿性粉剂（化）
	朱绿蝽	甜椒	阿地安乳剂（化）
	豌豆潜叶蝇	豌豆	家庭园艺用马拉硫磷乳剂（化）
	二十八星瓢虫	茄子	家庭园艺用杀螟松乳剂（化）、帕拜尼卡Ⅴ喷剂（天然）
	斜纹夜蛾	茄子	赞塔里水分散粒剂（天然）、纳莫鲁特乳剂（化）
	叶螨类	番茄	螨太郎（化）、拜尼卡马鲁到喷剂（天然）
		黄瓜	阿里赛夫（天然）、螨太郎（化）、来福绿（化）、拜尼卡马鲁到喷剂（天然）
		菜豆	阿里赛夫（天然）、家庭园艺用马拉硫磷乳剂（化）、拜尼卡马鲁到喷剂（天然）
	潜叶蝇类	苦瓜	卡斯开特乳剂（化）
	棒蜂缘蝽	毛豆	家庭园艺用杀螟松乳剂（化）、拜尼卡拜吉夫路喷剂（化）、拜尼卡水溶剂（化）
	豆蚜	蚕豆	阿里赛夫（天然）、家庭园艺用杀螟松乳剂（化）、拜尼卡马鲁到喷剂（天然）
	豆小卷叶蛾	毛豆	家庭园艺用杀螟松乳剂（化）
		花生	家庭园艺用杀螟松乳剂（化）
	甘蓝夜蛾	草莓	阿法木乳剂（化）、赞塔里水分散粒剂（化）
	棉蚜	茄子	帕拜尼卡Ⅴ喷剂（天然）、拜尼卡水溶剂（化）、拜尼卡拜吉夫路Ⅴ喷剂（化）
		黄瓜	吡虫啉（化）、拜尼卡绿Ⅴ喷剂（化）、拜尼卡拜吉夫路喷剂（化）、拜尼卡马鲁到喷剂（天然）
		秋葵	拜尼卡拜吉夫路喷剂（化）、拜尼卡马鲁到喷剂（天然）
叶菜类	菜青虫	甘蓝	辛硫磷颗粒剂（化）、赞塔里水分散粒剂（天然）、帕拜尼卡Ⅴ喷剂（天然）
		白菜	辛硫磷颗粒剂（化）、赞塔里水分散粒剂（天然）、拜尼卡S乳剂（化）
		小白菜	赞塔里水分散粒剂（天然）、毛斯皮兰颗粒剂（化）

蔬菜种类	害虫名	植物名	主要的药剂
叶菜类	菜青虫	小油菜	卡斯开特乳剂（化）、赞塔里水分散粒剂（天然）、帕拜尼卡Ⅴ喷剂（天然）
		嫩茎花椰菜	赞塔里水分散粒剂（天然）、拜尼卡水溶剂（化）
	蚜虫类	甘蓝	吡虫啉颗粒剂（化）、帕拜尼卡Ⅴ喷剂（天然）、拜尼卡水溶剂（化）、拜尼卡马鲁到喷剂（天然）
		白菜	吡虫啉颗粒剂（化）、拜尼卡水溶剂（化）、拜尼卡马鲁到喷剂（天然）
		茼蒿	阿里赛夫（天然）、拜尼卡马鲁到喷剂（天然）
		小白菜	拜尼卡拜吉夫路喷剂（化）、拜尼卡马鲁到喷剂（天然）
	神泽氏叶螨	紫苏	螨太郎（化）、灭螨猛可湿性粉剂（化）、拜尼卡马鲁到喷剂（天然）
	金凤蝶	荷兰芹	赞塔里水分散粒剂（天然）
	黄曲条跳甲	小油菜	星来颗粒水溶剂（化）
		芝麻菜	星来颗粒水溶剂（化）
	台湾长管蚜	生菜	拜尼卡水溶剂（化）、拜尼卡马鲁到喷剂（天然）、毛斯皮兰颗粒剂（化）
	蛞蝓类	甘蓝	毒纳特（化）
	萝卜蚜	嫩茎花椰菜	阿里赛夫（天然）、拜尼卡水溶剂（化）、拜尼卡马鲁到喷剂（天然）
	葱蓟马	葱	拜尼卡水溶剂（化）、拜尼卡拜吉夫路喷剂（化）
	葱蚜	葱	阿里赛夫(天然)、家庭园艺用杀螟松乳剂（化）、家庭园艺用马拉硫磷乳剂（化）、拜尼卡马鲁到喷剂（天然）
	西伯利亚葱谷蛾	葱	家庭园艺用杀螟松乳剂（化）、拜尼卡S乳剂（化）
		洋葱	阿地安乳剂（化）、拜尼卡S乳剂（化）
	叶螨类	迷迭香	阿里赛夫（天然）、拜尼卡马鲁到喷剂（天然）
	甘蓝夜蛾	甘蓝	辛硫磷颗粒剂（化）、赞塔里水分散粒剂（天然）、拜尼卡S乳剂（化）
		白菜	辛硫磷颗粒剂（化）、赞塔里水分散粒剂（天然）、拜尼卡S乳剂（化）、甲氨基阿维菌素苯甲酸盐（化）
		生菜	甲氨基阿维菌素苯甲酸盐(化)、赞塔里水分散粒剂(天然)、拜尼卡S乳剂(化)
		嫩茎花椰菜	辛硫磷颗粒剂（化）、赞塔里水分散粒剂（天然）
		薄荷类	赞塔里水分散粒剂（天然）
根菜类	菜青虫	芜菁	赞塔里水分散粒剂（天然）、产经马拉硫磷乳剂（化）
		萝卜	辛硫磷颗粒剂（化）、赞塔里水分散粒剂（天然）、拜尼卡S乳剂（化）
	蚜虫类	萝卜	吡虫啉颗粒剂（化）、拜尼卡拜吉夫路喷剂（化）、拜尼卡马鲁到喷剂（天然）
		樱桃萝卜	拜尼卡马鲁到喷剂（天然）
	金凤蝶	胡萝卜	家庭园艺用马拉硫磷乳剂（化）
	牛蒡长管蚜	牛蒡	阿里赛夫（天然）、阿地安乳剂（化）、拜尼卡马鲁到喷剂（天然）
	二十八星瓢虫	马铃薯	家庭园艺用杀螟松乳剂（化）、拜尼卡水溶剂（化）、拜尼卡拜吉夫路喷剂（化）
	萝卜蚜	芜菁	吡虫啉颗粒剂（化）、家庭园艺用马拉硫磷乳剂（化）、拜尼卡马鲁到喷剂（天然）
	芜菁叶蜂	芜菁	产经马拉硫磷乳剂（化）
		萝卜	产经马拉硫磷乳剂（化）
	根结线虫	胡萝卜	线虫王颗粒剂（化）
	甘蓝夜蛾	马铃薯	氯菊酯（化）、赞塔里水分散粒剂（天然）

① 表示对成虫适用的药剂。

② 表示对幼虫适用的药剂。

害虫名索引（按拼音排序）

病害名索引（按拼音排序）

药剂名索引（按拼音排序）

Original Japanese title: SHOUJOU TO GENIN GA SHASHIN DE WAKARU YASAI NO BYOUGAICHU HANDBOOK by Yusuke Kusama

Copyright © 2017 Yusuke Kusama All rights reserved

Original Japanese edition published by Ie-No-Hikari Association

Simplified Chinese translation copyright © 2021 by China Machine Press

Simplified Chinese translation rights arranged with Ie-No-Hikari Association, Tokyo through The English Agency (Japan) Ltd., Tokyo and Shanghai To-Asia Culture Co., Ltd.

本书由一般社团法人家之光协会授权机械工业出版社在中国境内（不包括香港、澳门特别行政区及台湾地区）出版与发行。未经许可之出口，视为违反著作权法，将受法律之制裁。

北京市版权局著作权合同登记　图字：01-2019-6119 号。

编辑协助　矢岛惠理、丰泉多惠子
版面设计　山内迦津子、林 圣子、石居沙良、大谷 岫（山内浩史设计室）
协助拍摄　草间祐辅、住友化学园艺（株式会社）、西宫 聪、鹿岛哲郎（茨城县农业综合
　　　　　中心园艺研究所）、柴尾 学（大阪府立环境农林水产综合研究所）
插　　图　山村 Hideto
校　　正　佐藤博子
设　　计　Nishi 工艺（株式会社）

图书在版编目（CIP）数据

图解蔬菜病虫害诊断与防治 /（日）草间祐辅著；赵长民译.
— 北京：机械工业出版社，2021.9（2023.9重印）
ISBN 978-7-111-68728-3

Ⅰ.①图… Ⅱ.①草… ②赵… Ⅲ.①蔬菜 — 病虫害防治 —
图谱　Ⅳ.①S436.6-64

中国版本图书馆CIP数据核字（2021）第140904号

机械工业出版社（北京市百万庄大街22号　邮政编码100037）
策划编辑：高 伟　周晓伟　责任编辑：高 伟　周晓伟
责任校对：张 力　　　　　责任印制：郜 敏
北京富资园科技发展有限公司印刷

2023年9月第1版第2次印刷
169mm×230mm・11印张・167千字
标准书号：ISBN 978-7-111-68728-3
定价：68.00元

电话服务　　　　　　　网络服务
客服电话：010-88361066　机 工 官 网：www.cmpbook.com
　　　　　010-88379833　机 工 官 博：weibo.com/cmp1952
　　　　　010-68326294　金 书 网：www.golden-book.com
封底无防伪标均为盗版　机工教育服务网：www.cmpedu.com